Little Handloom

Harumi Kageyama

Little
Handloom

Harumi Kageyama

Little Handloom

Harumi Kageyama

Little Handloom

Harumi Kageyama

從零開始的創意小物

小織女的 DIY 迷你織布機

Little Handloom

Harumi Kageyama
蔭山はるみ

CONTENTS

Let's make and weave a Little Handloom!

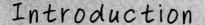

Introduction

要將工具準備齊全實在很麻煩，紡織看起來也好像很難——
每當我詢問那些明明很想挑戰織布，卻遲遲裹足不前的手藝愛好者時，
總是得到這樣千篇一律的回答。
然而……實際嘗試後就會知道，在作業方式上，織布其實比編織更加輕鬆，
並且擁有許多與編織截然不同的魅力。
想要傳遞這樣的想法，也希望大家能更輕鬆體驗織布的樂趣，
因此距今大約10年前，我就曾提出
任何人都可以輕鬆製作的瓦楞紙箱織布機方案。
同時也透過書籍或工作室廣為宣傳，介紹從時裝到居家擺飾，
各式各樣單品皆能輕易製作的「瓦楞紙箱織布機」的創意。
結果，獲得了許許多多令人開心的回響，
這樣的聲音，至今仍源源不絕地從各方湧來。

本書正是基於瓦楞紙箱織布機延伸而來，
「簡單＆愉快的織布世界」第2彈。
這次選擇厚紙板、紙箱、相框、木片等材料，
取代瓦楞紙箱來製作織布機，
同樣全都是身邊隨手可得的素材。
只是織布機的尺寸想要變得更輕巧……因此限定為小型尺寸。
介紹的作品也將焦點集中在瓦楞紙箱織布機無法製作的小巧物品上，
並且備齊了各種讓人忍不住想要紡織的「珍藏之物」。
已經熟練、習慣瓦楞紙箱織布機的讀者，
請將此書視為用於無法以瓦楞紙箱織布機製作，
晉級版精巧單品的創意BOOK。
對初學者來說，若能將此書當作輕鬆愉快踏入紡織世界的入門書，
並得以大顯身手，本人將備感欣喜。
翻動書頁之際，一旦發現喜歡的作品，
請立刻開始製作織布機，試著體驗其中的樂趣吧！

蔭山はるみ

Chapter 1

BOARD
Handloom

板狀織布機

首先登場的織布機，是以木板與厚紙板這兩種
Board（板）製作，誠如照片所見的迷你織布機。
照片左側的織布機，是在眾所周知的「某物品」
釘上小釘子製作而成，你知道是什麼嗎？
正確答案就是魚糕板！魚糕板的厚度與大小正好
符合我心目中想像的形式。於是馬上就作了一個
試用看看……不但可以正常紡織，而且許多無法
以其他方法製作，唯有此織布機才能織成的單品
陸續誕生。
而照片右側的織布機，則是利用在文具店或美術
用品店裡販賣的畫仙板（於厚紙板的表面再黏貼
一層紙）製成。在裁剪成適當尺寸的畫仙板上下
側，釘上固定經線用的大頭針，馬上就可當作織
布機使用。由於畫仙板可以隨意裁剪成想要的尺
寸與喜歡的形狀來使用，因此，依配置不同能夠
體驗無限寬廣的樂趣。究竟能完成何種單品，請
立刻翻到下一頁，一起來看看吧！

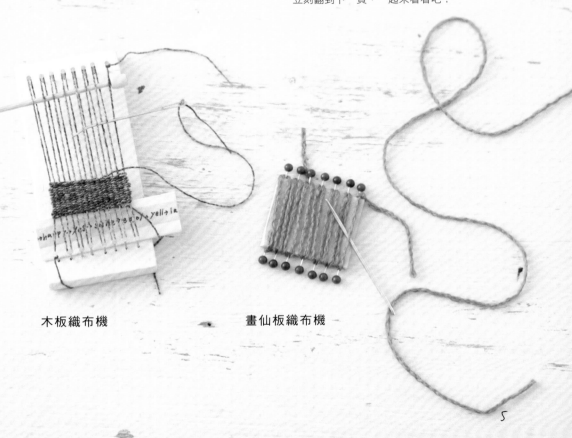

木板織布機　　　　　　　畫仙板織布機

5

Mat Sampler

木板織布機作品

小巧飾墊樣本

若是初次挑戰手織，推薦從這款飾墊開始嘗試。
除了份量小巧能夠迅速完成之外，
還徹底網羅了手織時不可欠缺的技巧，
可以一邊簡單體驗，一邊掌握基礎技法。
完成之後，不妨陳列幾片裝飾於相框也不錯。
點綴於袋身或波奇包上作為視覺焦點，
或是在背面貼上雙面膠，當作貼紙使用也可以。
進行各式各樣的組合，享受其樂趣吧！

How to make ▶ P. 50

SMALL TAPESTRY

wood
board

迷你壁飾

手織壁飾是「紡織愛好者」中的人氣單品。
不過製作完成後，卻意外陷入不知道要裝飾在哪裡的窘境。
因此，就連我也曾暫停過一段時期……但靈光乍現，
不如試著作成迷你尺寸，結果實在是太可愛了！
再加上無論任何地方都能裝飾的隨意感，
讓我完全深陷其魅力之中。
現在喜愛的作品，是使用樸素色調的織線，
搭配以小樹枝取代細棍的自然風格。您認為如何呢？

How to make ▶ P.52

Fringe

BROOCH

Combination

wood
board

流蘇別針
套組別針

How to make ▶ P.54,55

既然可以作出小型飾墊或壁飾，
不如也試著製作成別針，說不定很可愛？
……於是，有了以上的作品。基本形狀雖然相同，
但稍微改變配色，僅於單邊製作流蘇，
或相反的整片都作成毛茸茸的模樣，在局部變化。
只要這樣稍作改變，就能升格為流行飾品。

EMBLEM BROOCH

wood
board

徽章風別針

How to make ▶ P.56

這款作品是以徽章或紋章為概念，
使用個人鍾愛的三色旗顏色製作而成。
三角狀的前端看起來似乎不易織作，
其實是由兩側開始逐漸將織目各減一針，
因此作法非常簡單。除了作成別針之外，
亦可以個人喜愛的色線大量製作，
滿滿的裝飾在簡單的托特包或T恤上！

Motif Sampler

畫仙板織布機作品

小巧圖案樣本

illust board

初次以畫仙板織布機製作時，推薦嘗試此作品！
無論何種線材皆能編織，
尤其是以並太至極太的毛線最易於作業，
如圖片中4cm正方形左右的大小，不必10分鐘就能完成一片。
與木板織布機的飾墊樣本相同，
亦可綴飾於相框作成擺飾，或當作貼紙使用。
由於這款沒有流蘇，不妨縱向連接，
製作成長鍊或飾帶風作品，也是相當具有品味的飾物。

How to make ▶ P.58

INITIALS & GARLAND

illust
board

字母&
節慶掛飾

How to make ▶ P. 60

使用能夠自由創造出喜歡形狀的畫仙板織布機，
不論是三角旗幟或字母都能輕鬆製作。
紡織字母時，只要使用稍粗且具有彈性的棉或麻線，
形狀與輪廓就容易整齊美觀，且成為堅固的織片。
諸如在生日、聖誕節或是家族慶祝等紀念日的擺飾上，
都能派上用場。

MINI POUCH

illust
board

繞圈編織的波奇包

How to make ▶ P. 63

藉由大頭針的打釘方式，在織布機正反兩面都掛上經線，
一邊將織布機翻面，一邊穿線紡織……以此形成袋狀的織片。
而且從織布機取下之後，還是連同袋蓋都有的袋狀。
以如此令人開心的方法製作的作品，就是圖片所見的波奇包。
充滿魅力的蓬鬆柔軟素材感以灰色為主，
再以綠色突顯色彩上的對比，
營造出大人風的可愛氛圍。

CARD CASE

illust
board

卡片夾

How to make ▶ P.51

稍微改變一下使用的線材或形狀，
整個形象就煥然一新，亦是畫仙板織布機的魅力。
作法與波奇包相同，
卻是將織布機的形狀從縱長形改成橫寬形。
如果線材也改成仿麂皮風的材質來編織，
正如照片所見，變成了氛圍截然不同的時髦卡片夾。
尺寸雖小，收納能力卻不容小看，
名片或店家的集點卡等，收納40張以上完全OK。
使用上也是無可挑剔的一級棒！

LEATHER BRACELET

illust
board

千鳥紋皮革手環

這是將畫仙板裁成細長形的織布機。
織出長條狀的織片,再嘗試縫製成了手環。
即便改以棉線或麻線製作,
也能輕鬆作出有如百變樣貌的幸運繩風精采成品,
以紅白兩色皮繩織就的千鳥紋花樣,
兼具了甜美氣息與些許的高級感。
宛如尾巴般「搖曳的流蘇」也是吸引目光的關鍵。

How to make ▶ P.62

Chapter 2

CARD
Handloom

硬卡紙織布機

接下來登場的是，以硬卡紙製成的織布機。
分為製作圓形織片的捲織機，以及能夠製作
筒狀織片的筒織機兩種。

捲織，是於織機上以對角線組裝經線，接著
在經線上一圈圈地纏繞緯線，織出圓形織
片。我曾經在著作《以鐵線製作的收納盒與
提籃》一書中，介紹過在中芯鐵絲上以細鐵
絲纏繞編織的「捲編」籃，並且以此為靈感
獲得了本單元的技法創意。以文字敘述或許
讓人覺得很困難，然而實際進行操作後，不
但簡單而且很快就能完成。最重要的是，圓
圓的織片上如葉脈般立體浮雕狀的經線，看
起來備感可愛。一旦嘗試著製作之後，就會
讓人欲罷不能，想要製作更多。

筒織則是在圓筒狀的織機上纏繞經線，再逐
一穿入緯線，這是專為戒指設計的創意織
作。請務必參考看看！

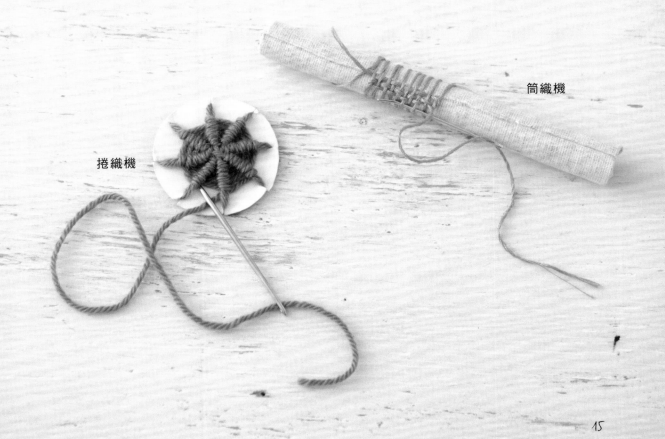

筒織機

捲織機

Covered button

捲織包釦

開始嘗試捲織時，最初深陷於其中不可自拔，
不斷進行量產的，正是如圖所見以毛線織成的包釦。
在完成的織片中放入鈕釦，
接著只需緊緊縫合收束即可。
蓬蓬鬆鬆的滾圓模樣，
看起來是不是很可愛呢？
示範作品是在織片裡裝入直徑2㎝的鈕釦。
使用的毛線為並太至極太。
只要少許的用量就能織出一顆，
因此可以利用剩餘的毛線來製作這點也很不錯。

How to make ▶ P.64

a » Button
毛衣鈕釦

b » Key ring
鑰匙圈

c » Mushroom Sack
蘑菇鉛筆套

d » etc...
作為焦點裝飾

a: 製作數顆之後,首先就如名稱作為鈕釦來使用看看。由於一般的釦眼不易穿過,不妨當作焦點裝飾,點綴於外套或毛衣上。

b: 當作鑰匙圈或小飾品使用也很可愛。圓滾滾的立體球形,使得伸手至包包裡翻找時很容易就能找到。

c: 改以鉛筆代替鈕釦,縫合收束後作成裝飾筆套。難以整理出形狀時,填入少許棉花即可。

d: 直接將織好的織片當作餐具架使用,不妨多放幾個作為餐桌上的妝點。不需加工,直接拿來裝飾就很OK。

The use is various.....
運用方式千變萬化!

COLORFUL RING

繽紛絢麗的戒指

How to make ▶ P. 67

手織戒指這類小物,一般而言屬於很難紡織的作品。
不過,若是使用硬卡紙製的筒織機,輕輕鬆鬆就能完成!
線材與右頁的項鍊相同,雖然都是使用繡線,
但我想要擁有更加華麗的氛圍,
所以選用了繽紛多彩並帶有光澤的25號繡線。
不妨加入串珠,或分成無名指專用、食指專用,
改變尺寸與紡織寬度等⋯⋯試著挑戰各種不同的組合吧!

NECKLACE

BROOCH

迷你包釦項鍊
&別針

How to make ▶ P. 66

織片尺寸與裝入的鈕釦都稍微縮小，
大量製作包釦後連接而成的項鍊。
別針則是直接使用織好的織片，
數片不同顏色的加以組合，縫合固定。
兩種款式都是使用無光澤且稍粗的4號繡線。
沉穩的霧面色調與質感令人喜愛不已。

CIRCLE POUCH

圓圈圈波奇包

How to make ▶ P.65

這次製作了直徑達10cm的大尺寸捲織機，
並且以鮮豔多彩的極太粗紡毛線來進行捲織。
直接將兩片織片重疊，縫製成波奇包。
捲織會因為對角線狀的經線數量多寡，
使織片的浮紋風情也隨之變化。
以上示範的作品分別是8條與12條兩種樣式，
依喜好自行選擇也OK，但是當尺寸較大時，
12條的樣式會比較容易製作，成品看起來也比較漂亮。

在戶外享受手織吧!

　　明明已經入秋了,天氣卻還是暖洋洋的某個晴空萬里之日。我隔著陽台眺望外面,感覺窩在家裡實在太可惜了,於是便不加思索地躍上電車,決定出門一趟。目的地則是離我家約30分鐘路程的某個神社。相鄰的一大片草坪使人心情放鬆又愜意,當我隨興躺在那裡,抬頭望著天空時,心情瞬間舒暢無比。在此同時,內心不知道為什麼很想慵懶地在那裡作些什麼……那就是戶外手織的體驗。

　　雖然有過因工作需求而在戶外進行手作的體驗,或是帶著材料前往出差地點的經驗,但自己積極的想要待在戶外進行手作的衝動,當時可說是第一次。感覺真的很不可思議。然而當我坐在草坪上眺望著天空,一邊啜飲著茶一邊動手進行作業,終於明白為什麼這麼作的理由。

　　那是無法言喻的莫名開心。在藍天綠地的包圍之下,身體與心靈都豁然開朗的進行著創作,與在室內作業是完全截然不同的,一種飄飄然又令人振奮不已的愉悅感。再加上,一般不會在戶外作的事情卻在戶外進行的「特別感」,令人更雀躍不已。結果那一天,直到日落都渾然忘我地織作,心情煥然一新地返回了家中。

　　那次以後,內心總是期待帶著工具出門的機會。只不過,手作項目仍僅限於手織。雖說還有其他手藝能在戶外進行,但唯有需要大型工具的紡織,如果沒有本書介紹的織布機就無法完成……也就是說,或許是因為特別感的層級比其他手藝更高階吧(笑)。不過,正在翻閱本書的讀者們應該也感到躍躍欲試了吧!請務必親自體驗一番。

Chapter 3

BOX
Handloom

紙盒織布機

本單元的主角，正是每個人家中或多或少都會有的一、二個空紙盒。就算沒有時尚的外觀，也沒有可愛的圖案或花樣都完全OK。由於要在紙盒盒口剪一圈牙口掛上經線，因此必須確認盒口是否具有一定程度的硬度——只要這點可以過關，無論是什麼樣的紙盒都能搖身一變，成為便利的織布機。

如果可以，建議使用有盒蓋的紙盒，這麼一來內部可收納必要的工具，也很容易攜帶。雖然保有盒蓋原貌也可以，若能黏貼緞帶或織片等，依照個人喜好稍微作點可愛的裝飾，更能增添趣味性。每當看到時總能開心不已，讓人突然激起想動手的氣氛。

這個織布機擅長的領域，是編織杯墊或飾墊類。咦？這項物品也能製作？可以織出讓人有點意外的單品，亦為其隱藏的魅力。首先，不妨起身巡視一下家裡，就從尋找紙盒開始吧！

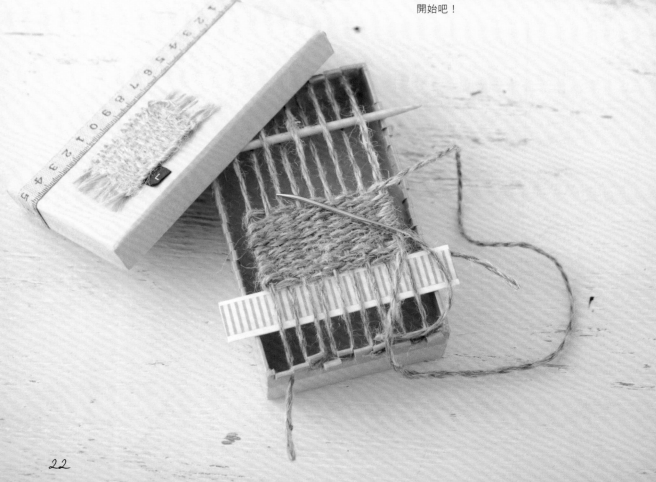

DAILY COASTER

每天使用的杯墊

若是初次挑戰紙盒織布機，不妨就從作法簡單，
就算多織幾片也無妨的杯墊開始嘗試吧！
即使形狀、尺寸甚至使用的線材全都一樣，
但光是改變緯線的配置，就能營造出截然不同的氛圍……
亦可充分感受到紡織所具有的魅力。
請參考上圖的四款作品，多方嘗試吧！

How to make ▶ P. 68

GIRLY MAT

少女風飾墊

How to make ▶ P. 69

不同於以一條織線進行的編織手作，任意組合條數的經線與緯線，
能夠自由自在地予以變化，這正是手織的魅力。
因此，我奢侈地試用了多達10種各式各樣外形或質感的線材，
製作出織片如此織細的迷你飾墊。
倘若苦惱於不知如何挑選＆搭配線材，只要像這樣以同色系組合，
即可完成柔和兼具時尚的作品。

COLLAGE MAT

拼貼編織墊

How to make ▶ P. 70

能夠將市售織布機無法使用的毛根或緞帶等素材
自由組合使用,也是手作織布機的魅力。
以藍色亞麻線為底,織入毛根、寬版織帶、巧克力店的緞帶,
並且在上方織入撕開的布條等,織入各式各樣的素材作成拼貼風格。
組合時若在緯線上加入重點裝飾,更具視覺效果。
此外,亦可使用皮繩或不織布等素材。

Flower
花卉

Forest
森林

BRACELET NECKLACE

兩用手鍊項鍊

只要靈活運用紙盒織布機的形狀，
就能製作出這樣的長條狀單品。
一圈圈纏繞於手腕上就變成手鍊，一旦鬆開拉長又可當作短項鍊使用，
能夠享受兩種用法的設計，以及大量穿入的鈕釦成了魅力焦點。
由於在經線上加入鐵絲一併紡織，因此十分容易塑形固定，
有別於其纖細的外觀，是出人意表的強韌作品。

How to make ▶ P.72, 73

BANGLE

手鐲

若是紙盒織布機，製作寬版手鐲也不成問題。
重點同左頁兩件作品，都是在經線上併用鐵絲，
整理形狀後，再以緯線緊密穿梭紡織。
之後只要將喜歡的線材加以組合，心愛之作就完成了。
我將6種喜愛的藍色＆綠色系線材加以組合運用，
並隨機於數個地方織入同色系的串珠，營造出異國風情的手鐲。

How to make ▶ P.71

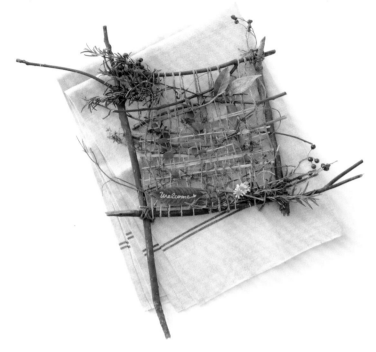

大自然裡充滿了唾手可得的紡織素材

　　本書裡出現了很多樹枝、葉片之類的自然素材呢——翻翻書頁，看看照片後，或許有不少讀者都有如此一致的感受吧？

　　事實上，這次攝影的主題風格，就是與自然素材聯合的視覺呈現。雖然所有工作人員都攜帶了手邊收集的樹枝或果實支援拍攝，但其中最豐富百搭的，就屬我個人的收藏品。這也沒什麼好隱瞞的，我這個人，就是特別喜歡撿來的東西。撿拾的場所或素材不分海邊、山上或是街道。而且一直以來，都很希望可以活用這些收藏眾多的素材，這次終於可以應用在攝影方面，不僅如此，最近還可作為我手織上的素材。

　　舉例來說，上圖單品的基本框架，就是使用我撿來的4條樹枝組合而成，以噴膠、麻繩加以固定之後。掛上經線（圖例為麻繩），再以小樹枝、葉片、陽台上的綠色植物等現場所有的素材取代緯線，雖然僅是隨心所欲地逐一織入，完成的作品卻有著強烈的存在感。擺飾於屋內，自然素材獨有的質樸溫度立刻讓空間柔和起來，成為居家的重點裝飾。

　　若是織入香草植物，還能夠享受芬芳的香氣，若加入鈕釦藤等植物，亦可取代花盆。框架一旦製作好便能重覆使用，嫩葉或鮮花一旦枯萎之後，只要改換其他素材來紡織，另行裝飾即可。不光是單純使用線材重複紡織，像這種有趣的手織方式亦別有一番樂趣。不妨開始收集身邊的自然素材，動手試看看吧！

於正方形木框上大量排列的小小釘子。乍見織布機的模樣或許會認為作法有點兒棘手吧？不過圖片所見的織布機，其實只是飲酒的木枡與百元商店購入的相框，亦即身旁易得的物品。其他只要是木製的框、盒之類，可以釘上釘子的正方形物品都能夠拿來使用。釘子也是選擇可以輕鬆釘進去的細小型釘子，因此製作方法比想像中更為簡單。

這款織布機最具魅力之處，在於可以製作出十分別致的織片。一般平織的織物，是經線與緯線交叉呈現＋（加號）的形狀，但是使用這款織布機，織目則會形成交叉╳（乘號）的形狀，作出獨特的織片。織法本身亦富有變化性而奇特有趣，請務必趁這個機會挑戰看看。按照一般的平織方式當然也OK。而且比起其他織布機，可以更輕鬆的織出漂亮的正方形，所以也是一台推薦給初次嘗試手織愛好者的首選織布機。

Chapter 4

FRAME

Handloom

木框織布機

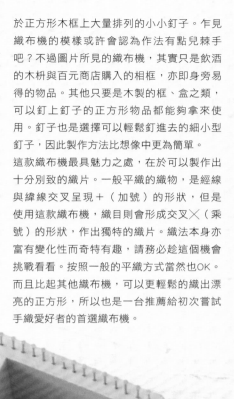

SMALL DRAWSTRING BAG

小型束口袋
4姊妹

How to make ▶ P.74

唯有木框織布機才能織出的╳狀織目，
但凡經線的釘子間隔，或使用的線材稍作改變，
就能如示範作品顯現出各式各樣的風情。
迷你束口袋不僅能輕鬆品味獨特的織片氛圍，
更令人高興的重點是，只要以兩片織片即可簡單製作。
當作禮物送給朋友，對方肯定也十分開心。

WATERMARKED COASTER

透視感裝飾編織的
杯墊

How to make ▶ P. 78

木框織布機亦可進行一般平織。
而且，無論是結實的緊密織目或疏鬆的鏤空織目，
都能自由自在地安排配置。以和紙素材製成的紙線粗粗紡織，
再於織目間的空隙繡上毛線，完成的杯墊不分和式、西式或民族風，
亦不挑料理或室內氣氛皆可使用，無國籍的氛圍格外令人喜愛。

PETITE BAG

CLUTCH BAG

織片拼接的
小提袋與
手拿包

以9種顏色的麻線紡織成片,再隨心所欲地拼接成一大片。
製作兩片相同的袋身,以藏針縫沿三邊縫合一圈,
繽紛多彩的小袋子就誕生了!
接縫提把(以畫仙板織布機製作),作成手提袋也不錯。
或對摺後縫上鈕釦與捲繩,當成手拿包使用也可以。
雖然大量製作織片有點麻煩,
但完成時的喜悅肯定是加倍的!

How to make ▶ P.77

TABLE MAT

千鳥格紋餐墊

超人氣的基本款千鳥格紋,
要織出勻稱整齊的花紋大小和形狀雖然有點難度,
然而您瞧!只要使用木框織布機,
就能輕鬆簡單的完成一落漂亮的作品。
試著使用雙色毛線進行各種配色,作出大量織品。
不妨添加幾片單色織片,縫製成左頁的手提袋或波奇包吧!

How to make ▶ P.76

Let's make and weave a
Little Handloom!

開始動手製作吧！

固定經線後，緯線再於其中以上→下→上的順序
挑線穿入，藉此方式完成的成品即是「手織」。
基本作業雖然相同，然而依據織布機構造的不同，
織線用法或織法也會隨之稍作變化。本單元將詳細介紹
書中所使用的6種織布機構造、作法與織法。
現在就從偏好的織布機開始吧！

迷你紡織的必備工具們

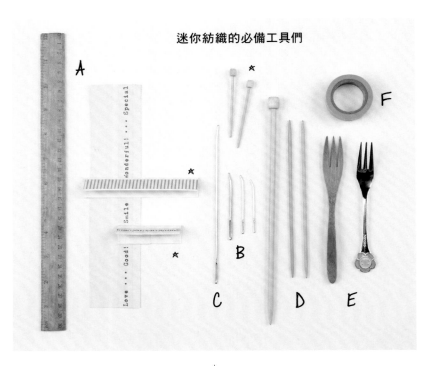

其他工具與必備物品

布料修補接著膠

推薦使用於流蘇收尾或布邊線端的固
定。濃稠的膠狀沒有液體滴落的問
題，可任其自然乾燥或是以熨斗燙
貼。分為尖嘴設計與軟管兩種類型。
亦可洗滌。／CLOVER

編織修補針

一側為鉤針，另一側為棒針的針目修
正用工具，用於紡織也能大顯身手。
當織法出錯必須將織線拆開時，或線
端收尾、整理織目以及進行各種細微
作業時，都是不可或缺的好幫手。

阿富汗針

在木框織布機上完成垂直的十字形掛
線，進行「交叉織」時不可或缺的工
具。阿富汗針可以讓整體織目整齊平
均，而且比一般鉤針更加細長。推薦
使用粗細約8號針左右。當織布機單
邊尺寸超過15cm時，請使用細長的阿
富汗針。使用一般鉤針時，請挑選織
細且整體粗細盡可能一致的鉤針。／
CLOVER

A 織幅紙兼經線軸

所謂的織幅紙，是用於預留流蘇所需的經
線端長度，同時也作為織布開始或結束的
指標工具（基準）。迷你織布機可藉由安
裝織幅紙使經線繃緊筆直，亦能使作業簡
單進行。使用於木板織布機與紙盒織布
機。將厚紙板裁剪得比織布機寬幅稍微長
一些即可，但用於木板織布機時，只要
將厚紙板對摺使用，經線就會更加穩定
（★）。紙盒織布機則可使用直尺代替。

B 縫針

除了可用於所有織布機的緯線，代替梭子
進行投緯運動之外，亦可用於線端收尾。
建議使用針尖曲起的彎頭毛線針。若能事
先備齊針孔較大的毛線或麻繩用縫針，以
及針孔較小的細線用縫針，作業上會更加
便利。／CLOVER

C 織針

使用紙盒織布機或木框織布機（平織）
等，紡織布幅較寬的作品時，若有一根長
長的織針，那真的是順手無比。能夠一次
挑起大量經線，因此可以快速有效率的進
行作業。／DARUMA

D 綜絖棒（棒針、編織用待針）

綜絖棒是為了節省穿入緯線時，將經線一
條一條交互挑起的省時省力工具，亦稱綜
筘。使用於板狀織布機與紙盒織布機，作
業時可事先夾在織布機與經線之間。利用
短棒針或編織用木製待針（★）來代替，
便利又好用。請配合織布機的寬度選擇使
用。／CLOVER

E 叉子（織布梳）

將緯線壓緊、梳理整齊時使用，通常是以
打緯板來處理。原本是推薦不傷織線的木
製叉，但織片較小或使用細線時，木製叉
的尖端會難以插入織目，因此建議使用尖
端較細小的金屬叉。請依織線分別使用。

F 紙膠帶

用於將經線線端黏貼於織布機上，或暫時
加固容易從切口處脫落的經線，抑或是在
經線上使用織線以外的素材（緞帶或織帶
等），都可用來固定於織布機上。由於
黏性不強，容易撕下，不必擔心織線會沾
上黏膠。

Lesson 1
板狀織布機

首先登場的,是以板狀材料製成的兩種迷你織布機。
請配合使用織線或紡織形狀分開使用。

木板織布機

將熟悉的魚糕木板變身成可愛又便利的織布機。
可以製作出各種帶有3至4cm長流蘇的單品。

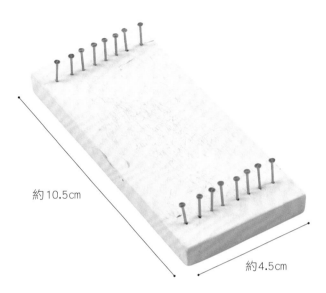

約10.5cm

約4.5cm

材料與工具

魚糕板

五金行販賣的木板(木材
裁切後的邊角料)亦可。

釘子

選擇細長且容易釘入的小
釘子(長19mm)。

a:直尺
b:錘子
　(小型手工用也OK)
c:錐子
d:鉛筆

a　b　c　d

製作織布機時……

☑ 請先徹底清除上頭剩餘的魚糕,洗淨並充
　分乾燥。
☑ 使用一般木板時,選擇喜歡的尺寸並依照
　魚糕板的相同作法製作。
☑ 想要上色時,以壓克力顏料全面刷塗2至3
　次,待乾燥後再行製作。

織布機的作法

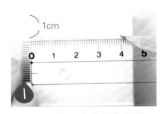

1cm

1

先在釘子的預定位置作記號。
在距離木板的短邊邊緣1cm處畫
線,左右兩端距離各取5mm,並
以大約5mm的等間隔,在線上畫
點記號(魚糕板單邊共8處記
號。木片則配合尺寸增加)。
另一側以相同方式作記號。

2

為方便釘子釘入,先以錐子
在記號上輕輕鑽洞。開孔之
後,先以橡皮擦清除畫上的
線與記號。

3

在步驟**2**的開孔處打釘,釘
子高度請保持一致。釘子前
端入板約8mm,只要不會搖晃
即可。兩端分別釘上8根釘
子,織布機就完成了!

Let's weave!

來,開始織布吧!

35

Lesson 1 板狀織布機

基本織法 ★ 掛上經線固定

為了固定經線於織布機上，先在線端作出線圈。
1 首先將線頭朝下繞出一個圈。
2 將長段側的織線置入線圈中拉出。
3 拉緊織線，完成固定用線圈。

將步驟3的線圈掛在織布機右上角的釘子，收緊線圈牢牢固定。

接著將經線往下拉，繞過右下角的釘子後，拉往上方，繞過右上角第2根釘子。

★ 設置綜絖棒與織幅紙

  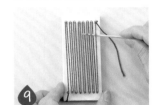 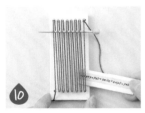

將線掛在第2根釘子後，再次往下拉……如此交互繞線，將經線掛在上下兩排釘子上。請將織線繃緊拉直，避免鬆弛。

所有釘子皆掛上經線的最後，經線在左下角的釘子上多繞兩圈。

線頭以紙膠帶黏貼於織布機的側面固定，並裁剪多餘部分。經線的組裝到此結束。

以綜絖棒（參照P.34。圖例為編織用待針）挑起1、3、5……的奇數經線，穿入。

★ 穿入緯線進行紡織

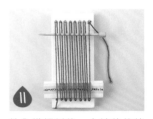 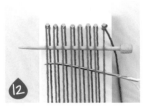  

穿至另一端即可，直到紡織完成為止都放著不動。織幅紙則是放在所有經線的下方，對摺處的摺山朝下（貼近下方釘子）放入。

放入織幅紙後，上端的綜絖棒可調整至希望製成的流蘇長度，作為預留線段的紡織終點。

將緯線穿入毛線針，如圖穿過綜絖棒已挑起的所有奇數經線。緯線過長會導致難以編織，一開始請先使用剪至50～60cm的線段，習慣之後再調節長度即可。

穿線拉出，線頭預留約5cm，接著以手指拉直緯線，往下移動。

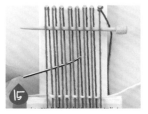 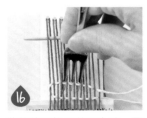 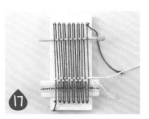

將拉緊繃直的緯線對齊織幅紙上緣。至此已織好1段。

接下來，毛線針由左往右，挑起下方的偶數經線2、4、6……拉線。

將緯線下拉至差不多時，再以叉子（織布梳）移至下方，貼齊整理。

至此已織好2段。緯線一旦往左右（橫向）拉得太緊，織目就會歪斜變形，請多加留意。務必以手指輕輕往下拉，再以叉子（織布梳）貼緊整理。

★ 進行緯線的收尾

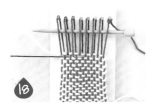

18 重複進行步驟12至17，織至中意的長度時，將線頭一併織入，進行收尾藏線。依前段相同的經線挑法，將線頭穿入最終段與前一段之間。

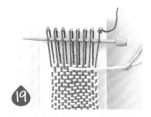

19 線頭大約穿過5至6條經線，餘下線段稍微放平後以剪刀剪斷。

20 起編側的緯線也是編織完成時一併處理，以相同方式穿入經線，再剪掉多餘線頭。

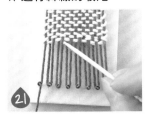

21 起編段與最終段所有經緯線交叉處皆塗上接著膠固定。因為是精細作業，以牙籤沾取塗抹會比較順手。

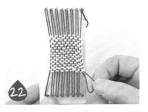

22 待接著膠乾燥至差不多，即可從織布機上取下。稍微拉一下經線使其從釘子頂端鬆脫，就可以輕易拿下。

23 從織布機取下之後，剪開兩端的線圈部分。

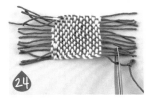

24 剪齊至個人喜好的長度。若擔心無法剪得整齊一致，可貼放直尺後剪斷。若織片蜷曲不平，以蒸汽熨斗熨燙再加以整平即可。

Finish!
完成了！

手織時的POINT

1 緯線不夠長的接續

緯線不足需要接線時，請盡可能在正中央接續，反而要避免在織片邊端進行。新線大約從原線的6織目前開始逆向穿入，在交接處也重疊6織目後，繼續進行編織。兩側的線頭則是作品完成後再剪斷。

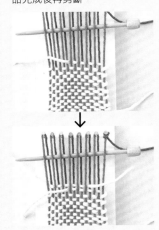

2 更換緯線顏色或線材時

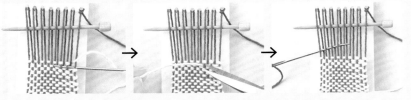

首先，原線依紡織完成時的相同作法，進行線頭的收尾處理。接下來使用的色線，則是與收尾方向相反，逆向開始進行紡織。線頭在織第2段時，一併織入。

3 僅單側製作流蘇時

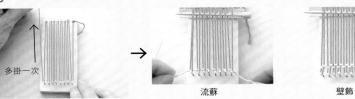

多掛一次　　　　　　流蘇　　　　　壁飾

製作別針或壁飾時，請使用此作法。固定經線時，頭尾兩端的線頭皆在同一側（基本掛線方法請參照P.36步驟1至6），並且從無線頭的那一側（經線皆呈環圈狀那側）開始編織。紡織時，別針不需流蘇的部分直接貼近釘子開始編織。壁飾則是預留吊掛時需要穿入的小樹枝或木棍等寬度，再開始編織。

畫仙板織布機

`1. 基本`

裁剪畫仙板，釘上釘子之後，織布機就完成了。
適合不需流蘇的布片或是字母、三角形等，
特別推薦用於想要編織喜歡的形狀時。

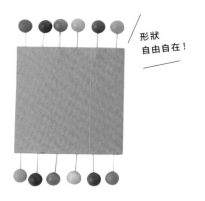

形狀
自由自在！

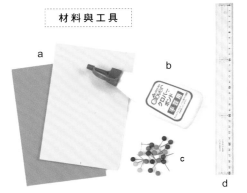

材料與工具

製作織布機時……

☑ 雖然可以作成各種形狀與尺寸，但建議最初嘗試時還是作成3～5㎝的正方形或長方形為宜。

☑ 無法取得畫仙板時，可在兩片厚紙板之間夾入瓦楞紙貼合，並且在瓦楞紙鏤空的側面塗上白膠，待乾燥之後再刺入大頭針，製作成織布機。

a：畫仙板
　（厚2mm的板子，預定製作尺寸× 2片份）
b：手藝用（或是木工用）白膠
c：大頭針

d：直尺
e：鉛筆
f：美工刀
g：切割墊

＊畫仙板是在厚紙（紙板）表面裱上紙張的素材，多用於簽名板等用途，可於文具店或美術用品社購得。
　大頭針使用的種類，是在地圖上標示位置時的小圓頭細針，亦可於文具店或大型商場購得。

織布機的作法

1 將一片畫仙板裁剪成紡織作品的尺寸（圖為4×4㎝），並於單面塗滿大量的白膠。

2 將步驟1黏貼在另一片畫仙板上。為了避免邊緣翹起，只要以保特瓶飲料等代替重石壓在上面即可。

3 白膠乾燥之後，沿著步驟1的畫仙板外緣，以美工刀進行裁切。

4 只要在步驟3的上下兩端裝上固定經線的大頭針，即可完成織布機。

事前準備 ★釘入大頭針

1 大頭針應配合使用織線的粗細來設置（範例為並太毛線），在畫仙板上下兩端等間隔釘入必要針數。由兩端開始，每隔3至4mm釘上1支大頭針。

2 使用並太粗細的毛線時，大頭針的標準間隔為5至6㎜（極太毛線為1㎝）。接續步驟1，於正中央釘入1支針。

3 接著，在步驟2大頭針的左右側，以5mm的間隔釘上大頭針。即使間隔無法完全一致（若為1mm左右的誤差）也沒關係。

4 另一側以相同方式釘上7支大頭針，即完成準備。

基本織法 ★ 掛上經線固定

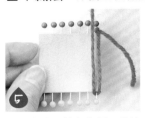

5
在經線線頭製作線圈，掛於右上角的大頭針，收緊線圈固定（參照P.36步驟1至4），繞過右下角的大頭針，再次拉往上方。

6
接著，在右上第2根大頭針掛線，在下方第2根掛線→在上方第3根掛線……如此交互纏繞，掛上經線。

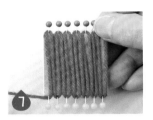

7
來到左下角時，經線在左下角的釘子上多繞一圈。

8
線頭以紙膠帶黏貼於織布機的背面固定，裁剪多餘部分。

★ 穿入緯線進行紡織

9
將緯線穿入毛線針，如圖挑起1、3、5……的奇數經線，穿至另一端。

10
穿線拉出，線頭預留約5cm，接著以叉子移往下方。

11
將緯線直接下移至緊靠大頭針，貼近織布機的邊緣為止。至此織好1段。

12
接下來，毛線針由左往右，挑起2、4、6……的偶數經線，穿入緯線。

13
穿線拉出，以叉子將織目整理緊密。至此織好2段。重複步驟9至12，持續紡織。

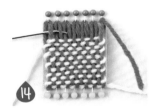

14
織好8成的模樣。接線或換色的作法請參照P.37進行。

15
依照起編段的相同作法，收編段也是穿入緯線，織至緊貼大頭針的邊緣為止。

★ 進行線頭的收尾

16
完成後將線頭一併織入。將線頭穿入最終段與前一段之間，經線挑法同前一段，穿入5至6織目，再剪掉多餘的線段即可。

17
經線線頭的收尾處理。穿入毛線針後，抽掉邊端的大頭針，在側邊挑起數針經線織目，穿入藏線。

18
剪掉多餘織線。以相同方式處理另一頭的經線線頭後，抽掉所有大頭針取下織片。

Finish!
完成了！

memo
關於織片的正反面

基本上，完成的織片是以作業時的背面當作正面。不過，想要兩相比較再將自己喜歡的那一面作為正面時，可在線頭收尾處理前先取下織片，確認屬意的正反面，再將線頭穿入當作背面的那一側，拉線後剪去餘線。

畫仙板織布機

2. 袋編

只要稍微改變一下大頭針的釘法，並且依照正面→背面的順序，翻轉織布機進行紡織，即可編織成具有袋蓋的口袋形式！甚至還能夠製作卡片夾至波奇包的大小。

袋蓋
袋口
長（經線）
主體
寬（緯線）

製作織布機時……

配合想要裝入織片（完成品）的物品大小，計算袋蓋與袋身的尺寸。

● 寬（緯線）
寬度要比裝入的物品尺寸再加2cm以上。
＊想要在兩邊加上側幅時，這部分的尺寸記得也要算進去。

● 長（經線）
下列兩部分合計的總長，即為織布機的長度
主體…裝入物品的高度再添加1.5cm以上。
袋蓋…預期的袋蓋長度。

關於大頭針的釘法

照尺寸製作織布機後，依上下兩端、袋口的順序，釘上必要數量的大頭針，最後，如圖示在左下角斜釘1根大頭針。若覺得袋口的大頭針難以釘上時，可使用鎚子輕輕敲打。

＊圖中織布機的大頭針間隔為，左右兩端各3～4mm，中間約1cm，使用極太毛線。

袋編織法　★ 掛上經線固定

必備的材料、工具與基本作法，皆與基本的織布機相同。

① 經線作好線圈後掛在袋口右端的大頭針上，以紙膠帶固定線頭。接著直接通過織布機的右下方，將織線繞至背面。

② 將織線掛在右上角的大頭針後，往下拉。背面掛好的織線如圖所示。

③ 經線從右下的第1與第2根大頭針之間通過，掛在袋口的第2根大頭針。織線再次下拉，繞至背面，接下來依照上→下→袋口大頭針的順序掛線。

④ 重複步驟 1 至 3，圖為全部掛線後的模樣。接著將織線拉往左下方。

⑤ 將織線繞過左下角的大頭針，穿入右側相鄰的經線下方後打結。預留數cm線段後，剪去多餘部分。

★ 設置綜絖棒

⑥ 首先，在織布機的正面，以綜絖棒挑起1、3、5……的奇數經線，穿至另一頭。

⑦ 翻面，另取一棒以相同方式在背面設置。正面綜絖棒最後是穿過經線的下方，所以此面最初是由經線上方穿入。

★ 穿入緯線進行紡織

⑧ 由織布機的正面開始。第1段是從織布機的左側穿入，輪流挑起被綜絖棒壓下的經線，織入緯線。

⑨ 穿線拉出，以叉子將織線移往下方，緊密貼至織布機底部。這就是主體的袋底。接著由織布機右側開始，挑起綜絖棒上方的經線，穿入緯線。

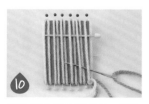
⑩ 以叉子徹底壓緊織目，織布機翻面，依照正面的相同方式穿入緯線，此為第2段。重複步驟 9 至 10，繼續編織。

⑪ 完成5～6段後，將下方的大頭針全部取下。

⑫ 接著，請確認織布機的底部。由於此處將形成主體袋底，因此請勿留下空隙，務必將織目確實整理緊密。

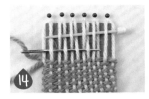

⑬ 繼續編織，織至袋口時，取下袋口的大頭針。

⑭ 接下來只編織織布機的背面（相當於袋蓋的部分）。

⑮ 織至貼近大頭針的邊緣時，取下大頭針，稍稍拉開織片，即可從織布機取下。

（註：右側另一張圖）將織片翻面，確認表、裡兩面織紋，決定何者作為正面。

⑰ 線頭從決定好的背面穿出，進行收尾處理。袋底邊角織線打單結。

⑱ 接著穿入周圍織目數針，剪掉多餘部分。其餘織線處理方式亦同。

Finish!
完成！

Lesson 2
紙盒織布機

僅需沿紙盒邊緣剪上一圈可以掛上經線的牙口即可。
製作時，只要設定好經線與緯線的牙口間隔，
就能使用這一台完成細線或毛線的編織，因此相當方便。

牙口間隔5mm
＝細線用

牙口間隔8〜9mm
＝粗線用

示範紙盒尺寸為
16cm×20cm，高度8cm。

製作織布機時……

☐ 請挑選於盒緣處剪牙口也不會凹陷，堅固耐用的紙盒。

☐ 高度自3cm起，長寬最少有10cm以上，即可製作出杯墊之類的織片。最好配合用途或喜好，選擇形狀與大小。

☐ 附盒蓋的紙盒，沒有進行織布時可以作為工具收納盒使用，非常方便。

a
b
c d e f

材料與工具

a：附盒蓋的紙盒
b：布膠帶
c：直尺　　d：美工刀
e：筆　　　f：剪刀

織布機的作法

① 於布膠帶正中央，在數個地方以筆作上記號。

② 將步驟①作好的記號對齊紙盒邊緣，在四面逐一黏貼上布膠帶。

③ 黏貼一圈，頭尾重疊1cm之後剪斷布膠帶，並於紙盒4個角落的布膠帶剪牙口。

將剪牙口的布膠帶往紙盒內側摺入，黏緊。四角處以手指稍稍拉開進行黏貼，就能貼得漂亮。

於紙盒邊緣作上剪牙口的記號。將平行邊兩兩視為一組，分別調整各組牙口的間隔。圖示間隔約8～9mm。

另一組平行邊，則是每隔5mm作記號。

以美工刀在步驟5與6的記號上切割牙口即完成。牙口深度大約是1.5cm為宜。

基本織法　★掛上經線固定

配合使用織線的粗細來決定掛線方向。只要確認寬度足夠，無論從哪一處開始掛線皆可。先從右上的牙口掛線，再拉至同位置下方的牙口。

接著在旁邊的牙口掛線，拉緊織線後再次於上側牙口掛線，如此重複。

編織完成之際，寬度會稍微收緊而變窄，因此經線要比預定編織的寬度再多掛一條。完成之後，以綜絖棒（棒針）挑起經線的奇數線，設置完成。

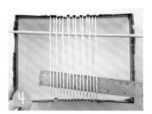

織幅紙兼經線軸（直尺）亦置於預定的流蘇長度之處。使用的直尺長度最好能夠橫跨織布機兩端，如此既安定，繃緊拉直的經線也容易作業。

★穿入緯線進行紡織

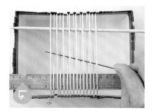

將緯線穿入毛線針，如圖穿過綜絖棒已挑起的所有奇數經線。緯線過長會導致難以編織，一開始請先使用剪成70～80cm的線段，習慣之後再調節長度即可。

將緯線拉往下側，對齊織幅紙（直尺），挑起下方的偶數經線2、4、6……拉線後以叉子整理緊密。重複步驟5至6，繼續編織。

Point!

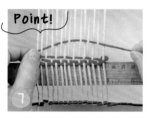

將緯線移往下方時，請以手指壓住邊端與經線交錯處。緯線一旦拉得過緊，織目就會歪斜變形，請多加留意。

Check!

當經線拉得太緊，織幅變得過於狹窄時，請以叉子橫向拉開進行微調。調整之後，請再確認經線是否拉直繃緊。

編織完成後，將線頭穿入最終段與前一段之間，挑線方式同前一段，進行收尾處理。起編的緯線亦以相同方式處理。

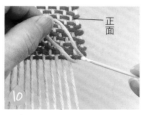

正面

一邊取下經線，一邊在邊緣的織目塗上白膠固定。先從經線在上的織目開始，輕輕掀起經線，在下方的緯線上塗抹白膠。

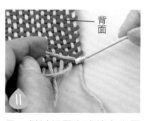

背面

另一側以相同方式塗上白膠固定，從織布機上取下。織片翻面，將步驟10尚未黏合的織目塗上白膠固定。乾燥後，剪齊流蘇。

Finish!
完成了！

Lesson 3
硬卡紙織布機

裁剪厚紙板之後，僅需加上一點工夫就OK。
以下介紹兩款個人十分推薦的織布機。

捲織用織布機

在對角線掛上經線，
再於經線上一圈圈地纏繞緯線，進行編織。
配合想要製作的物品來配置尺寸也OK！

8條

12條

製作織布機時……

織布機的大小可隨意調整，但製作包釦時，應使用鈕釦直徑2倍的織布機來製作織片。例如鈕釦直徑為2cm時，織布機直徑應為4cm。經線數量亦可隨意設置，但建議粗線使用8條，細線使用12條。

筒織用織布機

配合用途製作，就能織出各種尺寸的圓筒形。
在此介紹戒指用的織布機作法。

製作織布機時……

實際編織所需的織布機長度僅需5cm左右，但是作成3倍長的尺寸，作業會更加輕鬆便利（圖為15cm）。纏繞於表面的布片是專為手縫針挑起經線時的防滑設計。無論何種素材的布片皆可，但布料太厚會影響戒指的尺寸，請多加留意。

材料與工具

a：厚紙板
　（利用褲襪內襯紙板或是蛋糕盒等）
b：直尺　c：剪刀　d：鉛筆
● 捲織機
　e：圓規　f：量角器　g：錐子
● 筒織機
　h：雙面膠　i：膠帶　j：布片

織布機的作法

★ 捲織機

1 以圓規畫出預定製作尺寸的織布機圓形（圖為直徑4cm）。

2 使用量角器與直尺，於步驟1上畫出經線掛線用的指示線。範例為每45度畫一線，分成8等分。

3 沿著線條將步驟2裁成圓形後，在8等分的線上剪出經線掛線用的牙口。深度2～3mm為宜。

4 以錐子在步驟3的正中央鑽孔，完成織布機。

★ 筒織機

1 將厚紙板捲起，以兩手慢慢將紙板捲成小圓筒狀。

2 捲至預定製作的戒指尺寸時，將手邊現有的戒指套上，固定捲度。

3 於步驟2捲好的紙筒邊緣貼上膠帶固定，由於要黏貼布片，因此使用雙面膠。

4 撕下雙面膠的離型紙，捲上布片包裹黏貼。就算布片沒有完全包覆圓筒兩端也沒關係。

5 捲完一圈之後保留黏份，裁剪多餘部分。

6 於布片終端貼上雙面膠，黏貼固定於織布機上，完成。

捲織織法 ★掛上經線固定

織線穿入手縫針，穿過正中央的孔洞，於背面出針。

暫時拿下縫針，按住背面的線頭開始在牙口掛線。無論從哪個牙口開始掛線皆可。

接著將織線掛在右側牙口，再拉往對角線的牙口掛線。

同樣往右側的牙口掛線，再拉至對角線的牙口。

全部的對角線皆掛線一次的模樣（僅最初掛線處半邊空白的狀態）。

重複步驟2至4，每個牙口再掛一次線。

掛線終點
★

每個牙口皆掛2條線的模樣（僅掛線終點為1條線的狀態）。

檢查背面，只要全部的牙口都掛上線就OK。線頭朝向步驟7經線掛線終點的牙口前方2處（正面開始編織處★），以紙膠帶固定。

★ 預留必要的緯線量

在織布機上模擬編織，避免糾結的緊密繞線。

一直捲至完全包覆織布機為止，接著再捲線4至6圈後，剪斷織線。

★一邊捲緯線，一邊編織

★編織起點

織線穿入手縫針中，以手指按住織布機中心處，拉緊織線，由內往外穿入編織終點前方2條（直角位置）的經線。

穿入織線後拉緊的模樣。這樣就OK。

再次由內往外挑起同一條與下一條經線，穿線拉緊。

步驟13拉線後的模樣。這樣即OK。重複步驟13至14繼續編織。

織完一圈的模樣。藉由穿入的緯線捲繞經線，編織時要一邊適度拉緊，避免鬆弛。

編織到一半時，捲繞於經線上的緯線就會宛如花樣般逐漸浮現。緯線不要拉得太緊，只要沿著織片的線條製作，便會形成美麗的成品。

17 一邊以手指將緯線下移排列緊密，一邊編織至邊緣極限。編織終點是步驟**8**星記號編織起點的前1條經線（差1～2織目也OK）。

18 編織完成後，取下掛在牙口上的經線。

Finish!
織好了！

直接使用時，將緯線線頭穿入背面的經線（無論那條經線皆可）數針，剪去餘線即可（收尾處理方法請參照作法P.65）。

筒織織法請參閱P.67。

編織時的POINT

1 纏繞緯線時

穿線後，只要將織布機背面朝上拿高，拉線的動作就會更加流暢輕鬆。

2 當緯線長度不足時

① ②

③ →

2 將扭曲的線恢復原狀

手指捏住緯線距離織布機20cm處，放掉織布機任其旋轉，待織線恢復原狀不再扭曲即可。覺得織線過於扭曲時就可以這麼作。

①將新的織線穿入手縫針中，由內往外挑起原織線最後穿入的經線。
②挑相同的經線再次穿入→拉線捲續。
③接下來依相同方式繼續編織。編織結束後，2條線頭皆從背面拉出，預留約1.5cm後剪斷即可。

Check

包鈕的製作方法

1 以手指將織片調整成圓頂狀。
2 翻至背面朝上，裝入鈕釦。
3 緯線穿入手縫針，如圖示──挑縫織片邊端（掛在牙口上的經線）。
4
5 織線收口束緊。如此縮縫數次，線頭打結後剪線即可。

1

2

3

4

5

Finish!

完成了！

Lesson 4

木框織布機

利用市售的相框等方形木框，製作而成的織布機。
可以製作出許多織片狀的布塊。
織目會形成╳（乘號）狀的獨特織法亦為其魅力所在！

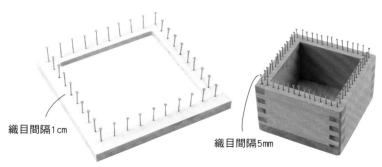

織目間隔1cm

織目間隔5mm

這樣的容器也可利用喔！

材料與道具

木枡

正方形相框的
木框部分

作法是將此處刷上白漆後
使用。

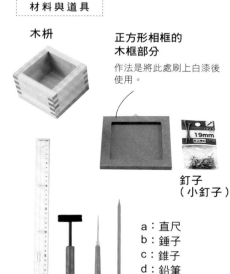

釘子
（小釘子）

a：直尺
b：錘子
c：錐子
d：鉛筆

a　b　c　d

製作織布機時……

只要是能夠釘上釘子的正方形木框，不拘
形式皆可利用。尺寸亦可隨個人喜好選
擇，但初次嘗試最好從8～10cm平方的尺寸
開始。建議使用如圖示的相框或方形小木
盒（木枡），而百元商店販售的箱子或木
製容器等，能使用的素材出乎意料的多，
不妨找找看。

織布機的作法

於框架上等間隔畫上釘釘子
的記號。標示線盡可能固定
於框幅的正中央，在四邊的
間隔數全都相等之處畫上標
示線，標示線延伸至大於內
框兩端，效果較佳。

釘子的間隔以5mm至1cm為宜
（較窄的間隔會形成緊密的
織目）。此處示範是間隔1cm
作上記號。

為方便打釘，先在記號上以錐
子輕輕鑽孔。鑽孔之後，再以
橡皮擦清除畫上的標示線與記
號。

於步驟2釘釘子。釘子高度
請保持一致，入板部分約8
mm，只要不會搖晃就OK。織
布機完成！

★ 掛上經線固定

織法 ❶
交叉織

需要一邊旋轉織布機一邊進
行作業。途中若分不清織布
機的上下，請將起編位置，
亦即★記號處視為起點。

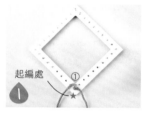

起編處

經線線頭製作線圈（參照P.
36），掛在織布機轉角處的
釘子①上，將線圈收緊固定。
織線使用極太毛線。

織線往上拉至①
的對角線，在轉
角的釘子②上掛
線，捲線一次。

接著掛在右側的
釘子③上，再將
織線拉往下方。

旋轉木框將線掛
在與釘子③平行
的釘子④上。織
線要拉緊繃直。

★ 一邊掛經線，一邊編織穿入緯線。

5 以阿富汗針（鉤針）勾住織線，使織線穿過最初的經線（①～②）下方。

6 鉤出織線，掛在平行的釘子⑤上。

7 直接以鉤針掛線的狀態，將織線拉往與釘子⑤平行的釘子⑥上。

8 如圖示拉線，掛在釘子③旁邊的釘子⑦上。

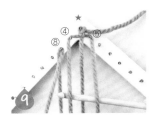

9 再次將織線拉往對面，掛在釘子④旁邊的釘子⑧，之後以阿富汗針（鉤針）鉤住織線，穿過奇數經線的下方。

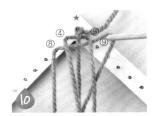

10 直接鉤出織線，掛在釘子⑨上。

11 再次將織線拉往對面，掛在釘子⑩，接著如圖示穿線，掛在釘子⑦旁邊的釘子⑪上。

12 將織線拉往對面，掛在釘子⑫上。

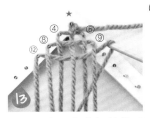

13 如圖示穿過奇數經線的下方，鉤出織線後掛在釘子⑨旁邊的釘子上……如此重複作業，繼續編織。

Point!

14 一邊掛線一邊穿入織線時，可使用叉子將織目靠緊，整理成美麗的交叉狀。

Point!

15 倘若鉤針難以一次穿過全部的經線，不妨分次進行穿入緯線的作業。

16 最後1段時，預留必要的緯線長度再加上數cm，剪斷織線。

17 將步驟16的織線穿針，交互挑起經線穿入。

18 以叉子調整全部的織目後，由織布機上取下。難以取下織片時，可利用金屬小叉子挑起織片邊端，即可取下。

Finish!
織好了！

直接使用織片時，線頭自編織終點開始，與前一個織目重疊並穿過數針，剪去餘線即可（上圖）。若是拼接數片使用時，可在步驟16預留必要的線長。

47

織法 ❷
平織

使用木框進行基本的平織也OK。依經線掛法的不同，織目也可以擁有寬鬆至緊密的變化。使用同前頁間隔1cm的織布機來介紹基本流程。

★ 掛上經線固定

於經線線頭製作線圈（參照P.36），掛在織布機左下角的釘子上，將線圈束緊固定。織線使用極太毛線。

直接將織線上拉，掛在左上角的釘子，再向下拉線，掛在步驟1旁邊的釘子上。

織線再次拉往上方，依上方釘子→下方釘子的順序逐一掛線。

★ 預留必要的緯線量

這次是沿織布機的釘子一圈圈地捲繞織線。

捲繞5圈之後剪斷，取下捲繞的織線長度。這就是必要的緯線長度。

★ 穿入緯線進行紡織

從經線掛線的終點開始編織。織線穿入縫針，一邊拉線避免經線鬆弛，一邊挑起偶數經線2、4、6……穿入。

將織線下移貼齊，接著從右下角繞過2號釘子的上方，挑起與步驟6相反的奇數經線，穿入。

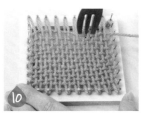
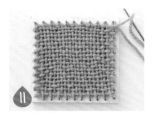

拉線之後，一邊以叉子下移貼齊，一邊將織目整理緊密。

織好2段的模樣。右側的織線掛在釘子上，左側的織線也是從左下角往上繞過2號釘子就OK。

將緯線掛在左右兩端的釘子上，並且以叉子將織目徹底整理緊密，繼續編織。

直到緯線掛在全部的釘子上之時，編織完成。

Finish!
織好了！

由織布機上取下織片。掛在釘子上的部分難以取下時，可利用叉子穿入織目與釘子之間，挑起再取下即可。

進行線頭收尾時，與編織終點的前一個織目重疊，穿過5、6目再剪去餘線即可。

想要將數枚織片拼接組合時，僅單邊線頭進行收尾，另一頭則於步驟4、5時預留必要長度，再剪線。

How to make

材料與作法

開始製作前

關於織線的份量記載

織線使用量為5g以下時，會標示為少量。但購買時會有販售的最少g數，或是個數單位。
（少量標示其後，括弧內的g數或個數，即表示此線材的最小購入單位，請作為購買時的參考）

關於完成尺寸

完成尺寸，意指由織布機上取下時的大小。經線的張掛方法或緯線的編織過程等，都會因編織者個人的力道差異而產生若干變化。即使稍有誤差，使用上也毫無問題。

關於各作品的織目

線材比較適合緊密編織的織目，或正好相反適合寬鬆編織的織目等，都會於作法中清楚記載。除此以外的線材，請依個人喜好調整即可。

關於使用的織布機

木板織布機的作品全都使用同一尺寸的織布機。其他則是在作法中清楚記載了各完成作品適合尺寸的織布機。請配合想要紡織的作品來製作織布機，並靈活運用。

作品
P.6

小巧飾墊樣本

◉使用線材

● 經線・緯線
全部皆為 AVRIL SILK TWEED
c 鼠尾草紅（31）、g 藍色（28）、i 鮮綠（29）
各少量（10 g）
SILK TWEED 絣
a 藍色（L-9）、b 波浪（S-1）、d 菊花（S-8）、
e 灰色（L-6）、f 山葵綠（S-7）、h 紅色（S-
10）各少量（10 g）

◉其他材料
布料修補接著膠

◉使用織布機
4.5×10.5cm的木板織布機

◉組裝尺寸
經線皆取1股線，掛線15目。
（寬約4×長8.5cm）

◉完成尺寸
皆為 3.5×6cm（包含流蘇）

◉作法
1　參考織圖，將經線掛在織布機上固定後，預
留完成時的流蘇長度，緯線取1股線，開始編
織。
2　編織完成後，將經線收尾，完成作品。
＊　織法、完成方法請參照P.36～37。

釘子位置

織圖

1cm

4cm

經線・緯線
為相同線材，
皆取1股線。

編織方向

1cm

木板織布機

掛上經線固定

15目

剪齊至1cm

經線・緯線使用相同線材

a…SILK TWEED 絣 藍色（L-9）

b…SILK TWEED 絣 波浪（S-1）

c…SILK TWEED 鼠尾草紅（31）

d…SILK TWEED 絣 菊花（S-8）

e…SILK TWEED 絣 灰色（L-6）

f…SILK TWEED 絣 山葵綠（S-7）

g…SILK TWEED 絣 藍色（28）

h…SILK TWEED 絣 紅色（S-10）

i…SILK TWEED 鮮綠（29）

織幅紙兼經線軸的作法

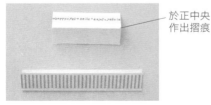

於正中央
作出摺痕

長度…較織布機的寬度左右再長1cm以上
寬度…3cm左右
將厚紙板裁剪成上述的尺寸，並於寬幅的正中央作
出摺痕，以對摺形式設置於織布機中。

完成圖

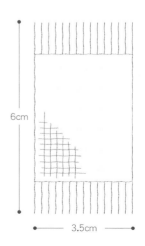

6cm

3.5cm

作品
P.13

● 使用線材

皆為MARCHEN ART Marchen-Suede仿麂皮繩
● 經線 棕色 14 m／卷1袋
● 緯線 焦糖色 14 m／卷1袋

● 其他材料

直徑2cm鈕釦1顆

● 使用織布機

寬12×長13cm的畫仙板織布機

● 組裝尺寸

以大約1.2cm的間隔，於織布機的上方與卡片夾的
袋口部分各釘上10根大頭針，下方則釘11支（其
中1支釘於左側邊角上）。經線取2股線，正反面
掛線39目（寬12cm×長13cm）。

● 完成尺寸

12×8.5cm（為袋蓋闔上的狀態）

● 作法

1　將經線掛在織布機上固定後，由下方（底部）
　　開始編織。最初由左往右編織1段，之後由右
　　往左編織，一圈圈地翻轉織布機，依正面→背
　　面的順序編織雙面。
2　編織3～4段後，將下方的大頭針全部取下，
　　一邊將緯線確實地緊靠下方，一邊編織。
3　編織至袋口的大頭針部分時，僅接續編織袋蓋
　　部分。
4　編織完成後，將緯線進行收尾處理，由織布機
　　上取下，並於背面進行經線的收尾處理。（此
　　織布機作業時看著的正面，即為成品正面）。
*　織法、完成方法請參照P.40～41。
5　接縫鈕釦與綁繩後即完成。

卡片夾

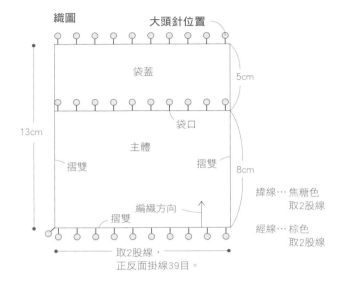

織圖　　　　　　　大頭針位置

袋蓋

5cm

13cm

袋口

主體

摺雙　　　　　　　摺雙

8cm

編織方向

摺雙

緯線⋯焦糖色
取2股線

經線⋯棕色
取2股線

取2股線，
正反面掛線39目。

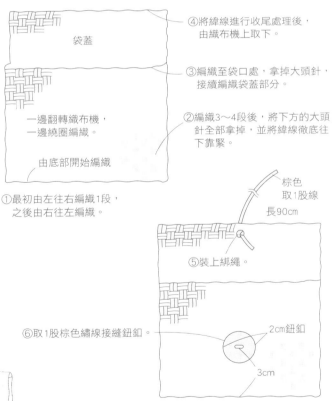

④將緯線進行收尾處理後，
　由織布機上取下。

袋蓋

③編織至袋口處，拿掉大頭針，
　接續編織袋蓋部分。

一邊翻轉織布機，
一邊繞圈編織。

②編織3～4段後，將下方的大頭
　針全部拿掉，並將緯線徹底往
　下靠緊。

由底部開始編織

棕色
取1股線
長90cm

①最初由左往右編織1段，
之後由右往左編織。

⑤裝上綁繩。

⑥取1股棕色繡線接縫鈕釦。

2cm鈕釦

3cm

完成圖

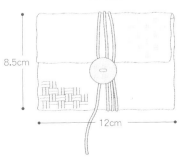

8.5cm

12cm

◉使用線材

小型壁飾 a 皆為AVRIL
● **經線** SILK TWEED 亞麻色（2）（包含緯線）
　少量（10g）
● **緯線** BF RING 白色（01）、KURK CHENILLE
　駝色（33）各少量（各10g）

小型壁飾 b
● **經線** DARUMA 夢色木綿 淺駝色（16）少量
　（1個25g）
● **緯線** AVRIL 和紙 MALL 駝色（02）、WOOL
　RING 巧克力色（16）、SPECK 磚紅色（3173）
　各少量（各10g）

小型壁飾 c 皆為AVRIL
● **經線** Silk Tweed 亞麻色（2）（包含緯線）
　少量（10g）
● **緯線** SPECK 天青色（705）、少量（10g）

小型壁飾 d 皆為AVRIL
● **經線** Silk Tweed 亞麻色（2）（包含緯線）
　少量（10g）
● **緯線** SPECK 天青色（705）、WOOL RING
　砂色（17）、和紙 MALL 駝色（02）、
　各少量（各10g）

◉其他材料

布料修補接著膠、穿掛壁飾的小樹枝

◉使用織布機

4.5×10.5cm的木板織布機

◉組裝尺寸

a・b・c・d皆為經線取1股線，掛線16目
（寬約4 × 長8.5cm）。

◉完成尺寸

a 4×7cm、b 4×8cm、c 4×8cm、d 4×7.5cm
（皆含流蘇）

◉作法

1　將經線掛在織布機上固定後，預留約7mm為
　穿過樹枝的線圈，緯線取1股線，開始編織。
2　a・b・c・d分別參考織圖，更換緯線編織。
　編織完成後，將緯線進行收尾，製作完成。將
3　小樹枝等棍狀物穿過步驟1中預留的線圈，即
　可裝飾。
＊　**織法、完成方法請參照P.36～37。**

迷你壁飾

作品
P.子

a

織圖

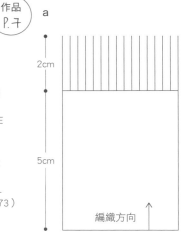

2cm

5cm

編織方向

4cm

緯線的配色

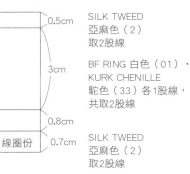

0.5cm　SILK TWEED
　　　　亞麻色（2）
　　　　取2股線

3cm　　BF RING 白色（01）・
　　　　KURK CHENILLE
　　　　駝色（33）各1股線，
　　　　共取2股線

0.8cm

線圈份　0.7cm　SILK TWEED
　　　　　　　　亞麻色（2）
　　　　　　　　取2股線

經線 Silk Tweed（2）取1股線16目

經線掛在織布機上固定後，預留約7mm作為穿過樹枝的線圈，
緯線取2股線，開始編織（b取1股線，c・d亦同）。

b

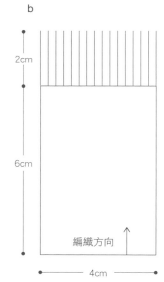

2cm

6cm

編織方向

4cm

緯線DARUMA
夢色木綿 淺駝色（16）
取1股線，掛線16目

緯線的配色

A　　0.3cm（2段）

B　　0.5cm（4段）

C　　1cm（3段）

A　　2cm
　　　（3段）

C　　1cm（3段）

B　　0.5cm（3段）

線圈份　0.7cm

緯線一律取1股線

A…和紙 MALL
　　駝色（02）

B…SPECK 磚紅色（3173）

C…WOOL RING
　　巧克力色（16）

c

2.5cm

A

2cm

B

0.8cm

A

2cm

5.5cm

4目   6目

編織方向

0.7cm

線圈份

4cm

緯線的配色

A…SPECK
　　天青色（705）
　　取2股線

B…SILK TWEED
　　亞麻色（2）
　　取2股線

經線SILK TWEED 亞麻色（2）取1股線，掛線16目

d

2.5cm

A   1cm

B   A   0.7cm

0.3cm

A   C   0.7cm

0.3cm

8目   B   4目   0.7cm

A   0.6cm

編織方向   0.7cm

5cm

4cm   線圈份

緯線的配色

經線SILK TWEED 亞麻色（2）
取1股線，掛線16目

緯線皆取2股線
A…SILK TWEED 亞麻色（2）
B…WOOL RING 砂色（17）
C…SPECK 天青色（705）
※於B・C中穿入和紙 MALL 駝色
（02）取2股線。

緯線的掛法
（a・b・c・d通用）

多掛上1條經線，
並以紙膠帶固定於
織布機的側面。

**將緯線的顏色或
素材縱向分開編織時**

以各自的織線，分別由
兩端開始編織。

分別編織至交會處時，
如圖使織線交叉，再繼續
往兩端編織。
重複此步驟。

Poimt

織線交叉時，何者
在上在下皆可。固
定統一即可。

※製作3色的條紋時，將右側與中央
的2色編織數段之後，左側的色線
是一邊挑右側旁邊的織目，一邊
進行交叉後，編織。
之後亦以相同方式，3色分別每隔
數段繼續編織。

完成圖

a

將小樹枝穿過線圈

7cm

4cm

繫結後，長度
剪齊至2cm。

b

8cm

編織端
以接著
膠固定

長度剪齊
至2cm

4cm

c

8cm

編織端
以接著
膠固定

長度剪齊
至2.5cm

4cm

d

7.5cm

取2股和紙 MALL
穿過之後，以接
著膠固定。

長度剪齊
至2.5cm

4cm

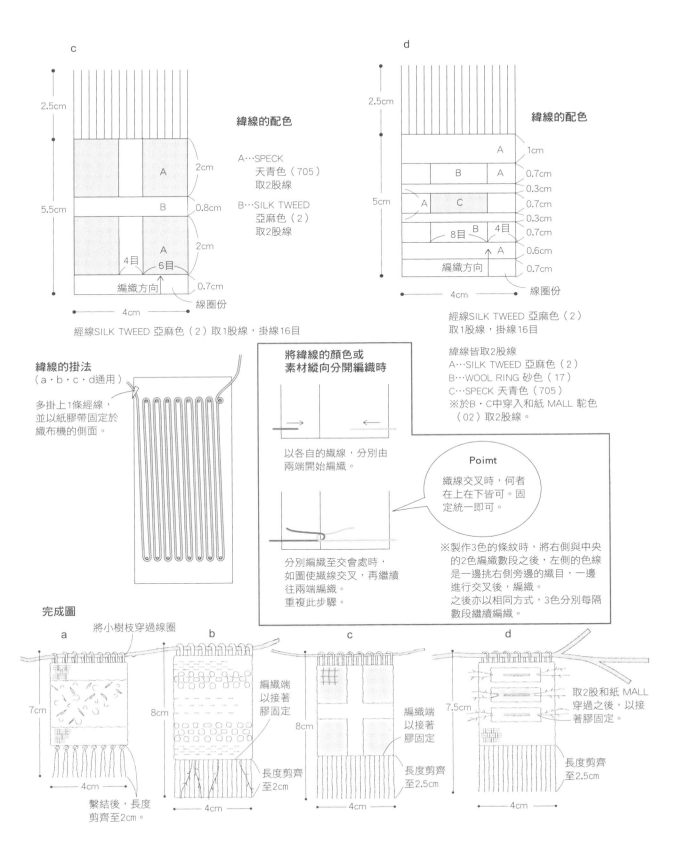

作品
P.8

流蘇別針

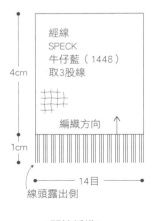

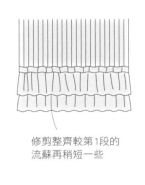

4cm

經線
SPECK
牛仔藍（1448）
取3股線

編織方向 ↑

1cm

← 14目 →

線頭露出側

修剪整齊較第1段的
流蘇再稍短一些

●使用線材

皆為 AVRIL
● **經線** SPECK 牛仔藍（1448）（包含緯線）
　少量（10g）
● **緯線** SPECK L. 灰色（1848）少量（10g）

●其他材料

別針 長2cm 1個、布料修補接著膠

●使用織布機

4.5×10.5cm的木板織布機

●組裝尺寸

經線取3股線，掛線14目（寬約4×長8.5cm）。

●完成尺寸

約3.5×5cm

●作法

1　將經線掛在織布機上固定後，預留必要的流蘇
　長，緯線取2股線，開始編織。
2　參考右圖，一邊織入流蘇，一邊編織緯線。
3　編織至幾近上側的經線時，由織布機上取下，
　並將線頭進行收尾處理。接縫別針後，完成作
　品。
*　**織法請參照P.36～37。**

<開始編織>

經線與緯線的
交叉部分塗上
接著膠固定。

由預留別針長度的
地方開始編織

<流蘇>

將3條織線穿入手縫針中，
挑2目經線，再以叉子靠緊。

緯線的配色
★
★
★
★
★
★
★
SPECK
牛仔藍（1448）
取2股線

於★記號處
繫上流蘇

↑
編織方向

<別針的接縫方法>

0.5cm

縫合固定

（背面）

流蘇的配色
上側4段

SPECK 牛仔藍
（1448）　SPECK
L. 灰色（1848）

其他段

SPECK
牛仔藍（1448）

完成圖

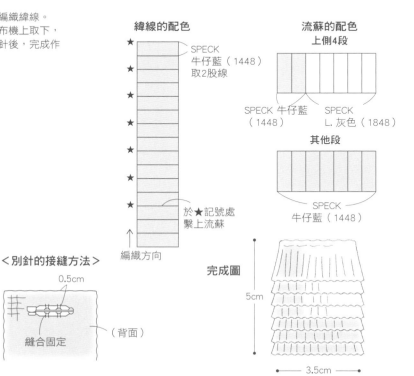

5cm

← 3.5cm →

作品
P.8

套組別針

◉使用線材

組合別針a 皆為AVRIL
● **經線・緯線** SPECK L. 灰色（1848）、PAFU
　（芯黑）B. 藍色（B-1） 各少量
組合別針b 皆為AVRIL
● **經線・緯線** LINEN TWIST 灰色（2）、PAFU
　（芯黑）B. 紅色（B-4） 各少量

◉其他材料

別針 長2cm各1個、布片少量（與織線同色系或顏
色較不顯眼的布片）
布料修補接著膠

◉使用織布機

4.5×10.5cm的木板織布機

◉組裝尺寸

經線取2股線，掛線14目（寬約4×長8.5cm）

◉完成尺寸

約3.5×9cm

◉作法

1　將經線掛在織布機上固定，編織緯線時不必預
　留流蘇的份量直接靠緊，緯線取2股線編織。
2　編織完成後，線頭進行收尾處理，由織布機上
　取下，裝飾線穿入手縫針中，重疊編織。
3　線頭進行收尾，接縫別針，完成作品。
＊　**織法請參照P.36～37。**

織圖

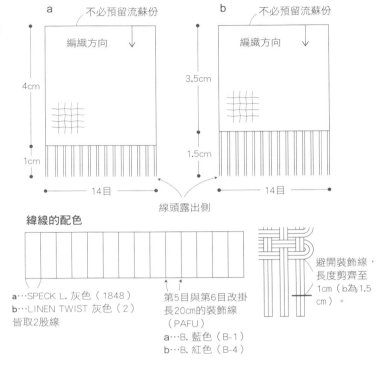

完成圖

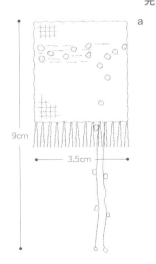

緯線的配色

皆取2股線
a…SPECK L. 灰色（1848）
b…LINEN TWIST 灰色（2）

將裝飾線（PAFU）穿入手
縫針，由第7段開始重疊
於緯線上，編織5段。

<別針的接縫方法>

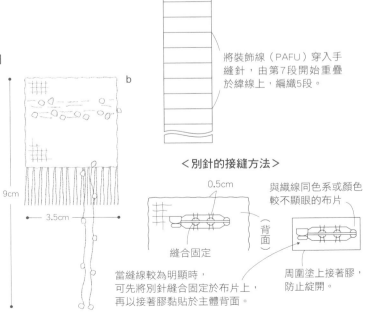

當縫線較為明顯時，
可先將別針縫合固定於布片上，
再以接著膠黏貼於主體背面。

周圍塗上接著膠，
防止綻開。

作品
P.9

徽章風別針

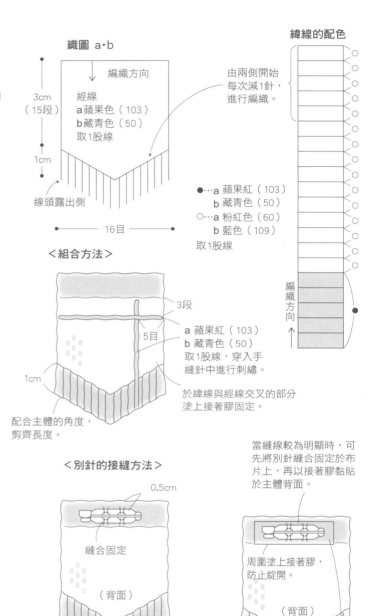

織圖 a·b

編織方向

經線
a蘋果色（103）
b藏青色（50）
取1股線

3cm
（15段）

1cm

線頭露出側

16目

緯線的配色

由兩側開始
每次減1針，
進行編織。

●…a 蘋果紅（103）
　　b 藏青色（50）
○…a 粉紅色（60）
　　b 藍色（109）
取1股線

編織方向

＜組合方法＞

3段

5目

1cm

a 蘋果紅（103）
b 藏青色（50）
取1股線，穿入手
縫針中進行刺繡。

於緯線與經線交叉的部分
塗上接著膠固定。

配合主體的角度，
剪齊長度。

＜別針的接縫方法＞

0.5cm

縫合固定

（背面）

當縫線較為明顯時，可
先將別針縫合固定於布
片上，再以接著膠黏貼
於主體背面。

周圍塗上接著膠，
防止綻開。

（背面）

完成圖

5cm

3.5cm

與織線同色系或
顏色較不顯眼的布片

◉ 使用線材

皆為AVRIL

別針a
● 經線 綿 CORD 蘋果紅（103）（包含緯線）
　少量（10 g）
● 緯線 粉紅色（60）少量（10 g）

別針b
● 經線 綿 CORD 藏青色（50）（包含緯線）
　少量（10 g）
● 緯線 藍色（109）少量（10 g）

別針c
● 經線・緯線 綿 CORD 蘋果紅（103）、粉紅
　色（60）、藏青色（50）、綿 CURL 奶油色
　（03）各少量（各10 g）

◉ 其他材料

別針（a·b長2cm、c長3.5cm各1個）、布片少量
（與織線同色系或顏色較不顯眼的布片）、布料修
補接著膠

◉ 使用織布機

木板織布機

◉ 組裝尺寸

a·b 經線取1股線，掛線16目（寬約4×長8.5
cm），c 經線取1股線（僅限第13目取2股線），掛
線15目（寬約4×長8.5cm）。

◉ 完成尺寸

a·b 3.5×5cm c 約3.5×8cm

◉ 作法

別針 a·b
1 將經線掛在織布機上固定，編織緯線時不必預
　留流蘇的份量直接靠緊，緯線取1股線編織。
2 編織完成後，於經緯各1處織入點綴的刺繡
　（參照右圖組合方法），由織布機上取下。
3 經線線頭進行收尾，接縫別針，完成作品。

別針 c
1 參考織圖，將經線掛在織布機上固定後，預留
　流蘇完成份量（包含剪齊部分為1.5cm），緯
　線取1股線編織。
2 編織至幾近織布機的邊緣時，由織布機上取
　下，將經線線頭進行收尾，接縫別針。
＊ **織法、完成方法請參照P.36～37。**

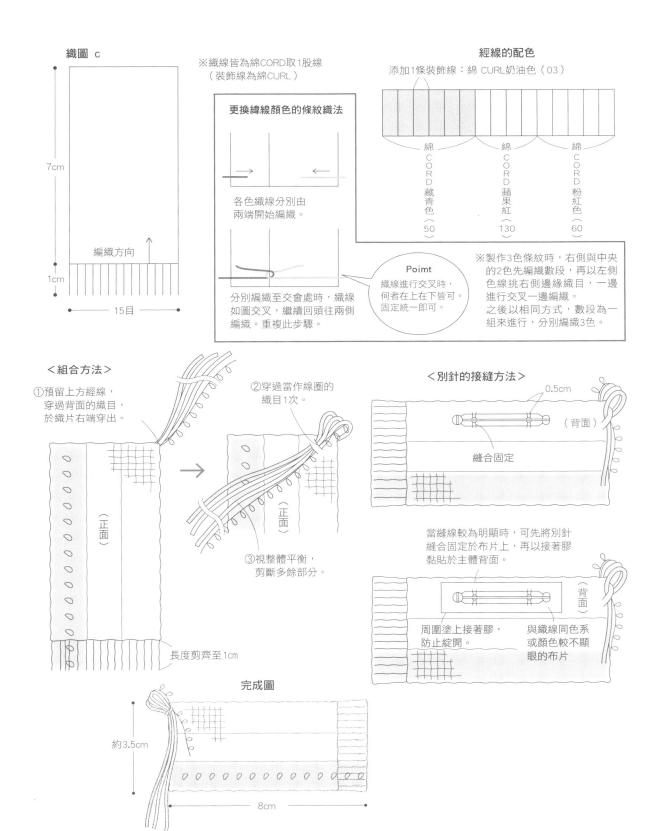

織圖 c

7cm
1cm
編織方向
15目

※織線皆為綿CORD取1股線
（裝飾線為綿CURL）

更換緯線顏色的條紋織法

各色織線分別由兩端開始編織。

分別編織至交會處時，織線如圖交叉，繼續回頭往兩側編織。重複此步驟。

Poimt
織線進行交叉時，何者在上在下皆可。固定統一即可。

經線的配色

添加1條裝飾線：綿 CURL奶油色（03）

綿CORD藏青色（50）　綿CORD蘋果紅　綿CORD粉紅色（60）

※製作3色條紋時，右側與中央的2色先編織數段，再以左側色線挑右側邊緣織目，一邊進行交叉一邊編織。
之後以相同方式，數段為一組來進行，分別編織3色。

＜組合方法＞

①預留上方經線，穿過背面的織目，於織片右端穿出。

（正面）

②穿過當作線圈的織目1次。

（正面）

③視整體平衡，剪斷多餘部分。

長度剪齊至1cm

＜別針的接縫方法＞

0.5cm

（背面）

縫合固定

當縫線較為明顯時，可先將別針縫合固定於布片上，再以接著膠黏貼於主體背面。

（背面）

周圍塗上接著膠，防止綻開。

與織線同色系或顏色較不顯眼的布片

完成圖

約3.5cm

8cm

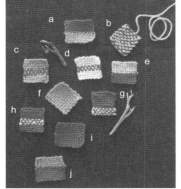

作品
P.10

◉使用線材

● **經線‧緯線** 皆為DMC TAPESTRY WOOL
各1束（使用少量）
a 苔綠（7702）、淺苔綠（7331）
b‧e 水藍色（7599）、紅色（7184）
c 茶色（7494）、深藍色（7926）
d 奶油色（7420）、紅色（7184）
f 藍色（7597）
g 深藍色（7926）、奶油色（7420）
h 紅色（7184）、奶油色（7420）
i 紅色（7184）
j 藍色（7597）、深藍色（7926）

◉使用織布機

b‧c‧d‧e‧g‧h 寬4×長4cm的畫仙板織布機
a‧f‧i‧j 寬4×長4.5cm的畫仙板織布機

◉組裝尺寸

以5～6mm的間隔，於織布機上下緣各釘上7根大頭
針。經線取1股線，掛線13目（寬4×長4cm‧4.5
cm）。

◉完成尺寸

b‧c‧d‧e‧g‧h 4×4cm
a‧f‧i‧j 4×4.5cm

◉作法

1　於織布機釘上大頭針後，參考織圖，掛上經線
　　固定。
2　緯線取1股線，參考織圖（更換織線的作品依
　　指示更換）編織。
3　編織完成後，將緯線、經線線頭進行收尾處
　　理，由織布機上取下。
＊　**織法、完成方法請參照P.38～39。**
　　a‧‧j的緯線織法請參照P.57。

小巧圖案樣本

織圖　　　　　織線皆為TAPESTRYWOOL取1股線

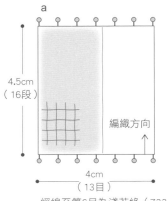

a

4.5cm
（16段）

編織方向

4cm
（13目）

經線至第6目為淺苔綠（7331）、
第7目開始為苔綠（7702）。

緯線的配色

緯線也是至第6目為
淺苔綠（7331）、
第7目開始為苔綠（7702）。

※**更換緯線顏色的條紋織法
請參照P.57。**

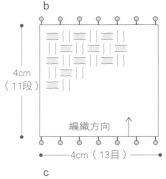

b

4cm
（11段）

編織方向

4cm（13目）

經線…水藍色（7599）
緯線…紅色（7184）

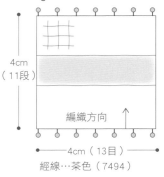

c

4cm
（11段）

編織方向

4cm（13目）

經線…茶色（7494）

緯線的配色

茶色（7494）

深藍色
（7926）

茶色（7494）

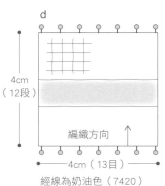

d

4cm
（12段）

編織方向

4cm（13目）

經線為奶油色（7420）

緯線的配色

奶油色
（7420）

紅色
（7184）

奶油色
（7420）

e

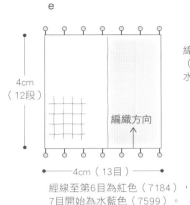

緯線的配色

緯線也是至第6目為紅色
（7184），第7目開始為
水藍色（7599）。

※**更換緯線顏色的條紋
織法請參照P.57。**

4cm
（12段）

4cm（13目）

經線至第6目為紅色（7184），
7目開始為水藍色（7599）。

f

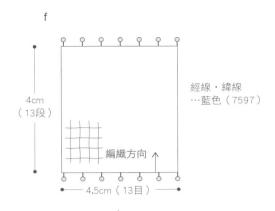

經線・緯線
…藍色（7597）

4cm
（13段）

4.5cm（13目）

g

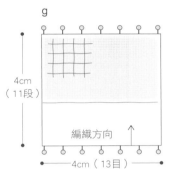

4cm
（11段）

4cm（13目）

經線…深藍色（7926）

緯線的配色

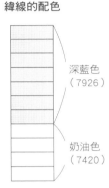

深藍色
（7926）

奶油色
（7420）

h

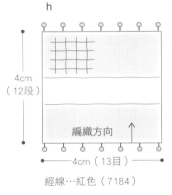

4cm
（12段）

4cm（13目）

經線…紅色（7184）

緯線的配色

紅色
（7184）

奶油色
（7420）

紅色
（7184）

i

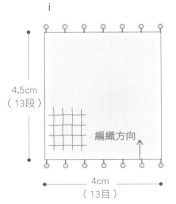

經線・緯線
…紅色（7184）

4.5cm
（13段）

4cm
（13目）

j

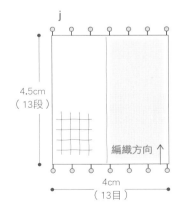

緯線的配色

緯線也是至第7目為深
藍色（7926），第8目
開始為藍色（7597）。

※**更換緯線顏色的條紋
織法請參照P.57。**

4.5cm
（13段）

4cm
（13目）

經線至第7目為深藍色（7926），
8目開始為藍色（7597）。

作品
P.11

字母&節慶掛飾

- -

◉使用線材

字母‧節慶掛飾（白色除外）
全部皆為 DARUMA
夢色木綿 芥末黃（10）、藍灰色（27）各1個
（25ｇ）

白色節慶掛飾
AVRIL BF RING 白色（01）、MOHAIR LOOP 白色
（01）各少量（10g）

◉其他材料

布料修補接著膠

◉使用織布機

畫仙板織布機
節慶掛飾…高4.5cm的等腰三角形
字母…依字母形狀裁剪（參照圖示）

◉組裝尺寸

節慶掛飾
於等腰三角形的2個長邊，每邊各釘上7根大頭
針，並於頂角釘上1根大頭針。
經線取1股線，掛線14目。

字母
參考織圖，分別釘上大頭針。
經線取1股線，參考各織圖，掛上必要目數。

◉完成尺寸

字母 約5×5cm
節慶掛飾 約4×4.5cm

◉作法

1　於織布機釘上大頭針後，參考織圖，掛上經線
　　固定。

*　**節慶掛飾頂角（頂點）大頭針的掛線，是將經
　　線纏繞2圈似的掛上去。**

2　緯線取1股線，參考織圖（更換織線的作品依
　　指示更換）編織。各自的編織順序，請參考圖
　　示。

3　編織完成後，將緯線、經線線頭進行收尾處
　　理，並由織布機上取下。

*　**織法、完成方法請參照P.38～39。**

上方段的經線配色

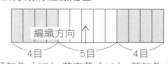

4目　　　5目　　　4目
藍灰色（27） 芥末黃（10） 藍灰色（27）

織圖　　字母
　　　　經線緯線皆為夢色木綿
※圓圈數字為編織順序。

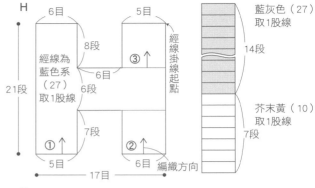
右側的緯線配色

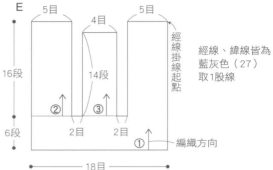

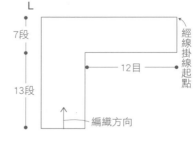

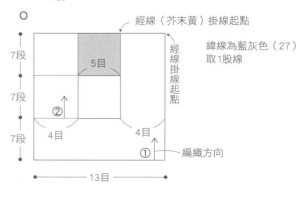

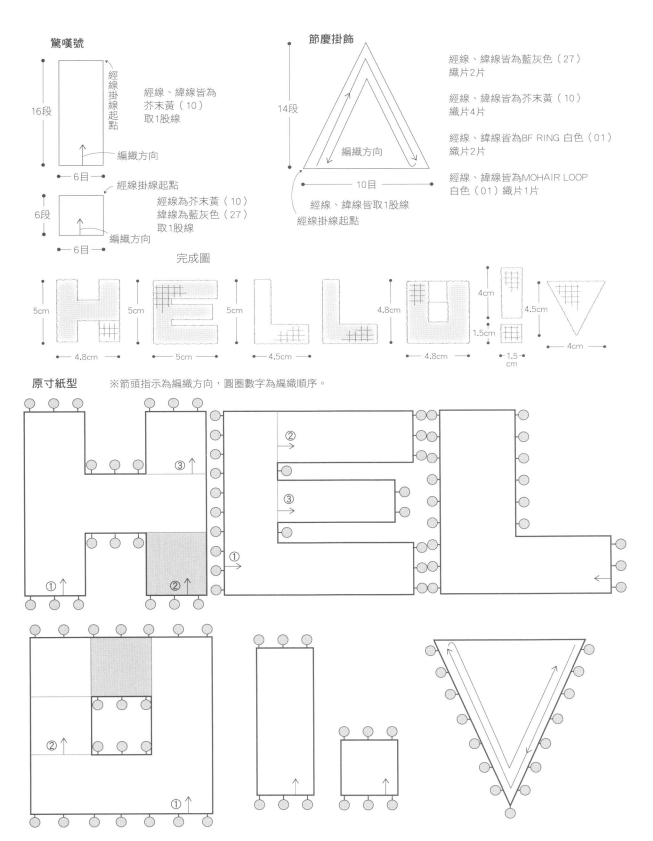

驚嘆號

16段

6目

經線掛線起點

經線、緯線皆為
芥末黃（10）
取1股線

編織方向

6段

經線掛線起點

6目

經線為芥末黃（10）
緯線為藍灰色（27）
取1股線

編織方向

節慶掛飾

14段

10目

編織方向

經線掛線起點

經線、緯線皆取1股線

經線、緯線皆為藍灰色（27）
織片2片

經線、緯線皆為芥末黃（10）
織片4片

經線、緯線皆為BF RING 白色（01）
織片2片

經線、緯線皆為MOHAIR LOOP
白色（01）織片1片

完成圖

5cm ━ 4.8cm ━

5cm ━ 5cm ━

5cm ━ 4.5cm ━

4.8cm ━ 4.8cm ━

4cm
1.5cm
1.5cm

4.5cm

4cm

原寸紙型　※箭頭指示為編織方向，圓圈數字為編織順序。

作品
P.14

千鳥紋皮革手環

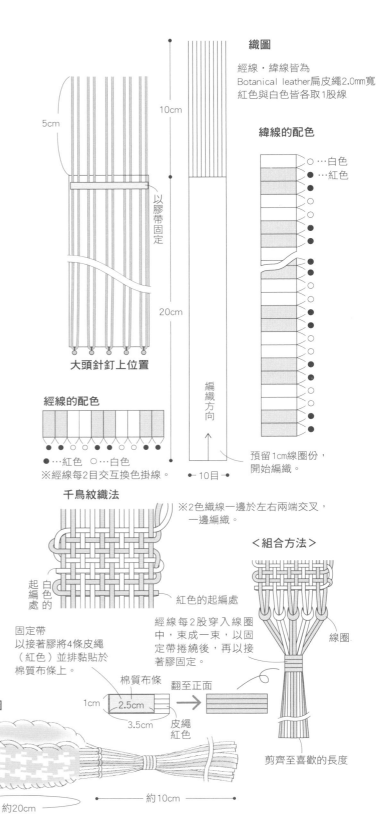

織圖

經線・緯線皆為
Botanical leather扁皮繩2.0mm寬
紅色與白色皆各取1股線

緯線的配色

○…白色
●…紅色

5cm

10cm

以膠帶固定

20cm

大頭針釘上位置

經線的配色

●…紅色 ○…白色
※經線每2目交互換色掛線。

編織方向

↑

←10目→

預留1cm線圈份，
開始編織。

千鳥紋織法

起編處白色的
起編處

白色的起編處

紅色的起編處

※2色織線一邊於左右兩端交叉，
一邊編織。

＜組合方法＞

經線每2股穿入線圈
中，束成一束，以固
定帶捲繞後，再以接
著膠固定。

線圈

固定帶
以接著膠將4條皮繩
（紅色）並排黏貼於
棉質布條上。

棉質布條

1cm 2.5cm

3.5cm 皮繩紅色

翻至正面

剪齊至喜歡的長度

◉使用線材

皆為MARCHEN ART
● 經線・緯線 Botanical leather扁皮繩2.0mm寬
紅色（815）、白色（816）各1軸（3m）

◉其他材料

寬1cm的棉質布條（緞帶亦可）3cm、布料修補接
著膠

◉使用織布機

寬5cm×長25cm的畫仙板織布機

◉組裝尺寸

以4mm的間隔，於織布機上下任一側釘上5根大頭
針。另一側則以膠帶固定經線。經線取1股線，掛
線10目（寬約3×長25cm以上）。

◉完成尺寸

約3×20cm（不含流蘇）

◉作法

1 於織布機釘上大頭針，參考織圖掛上經線固
定。這時將皮革（經線）掛在單側的大頭針
上，另一邊不釘大頭針，改以膠帶固定。
2 緯線取1股線，由經線掛針的1cm間隔處（線
圈部分），開始編織。
3 參考織圖繼續編織，編織至20cm後，由織布
機上取下。緯線的線頭預留編織寬度後剪斷，
以接著膠黏貼於背面。
* 織法請參照P.38～39。
4 製作固定帶。裁剪皮革後，並排4片黏貼於棉
質布條上。
5 每2條經線穿入步驟2起編時預留的線圈，束
成一束流蘇之後，捲繞上步驟4，並以接著膠
徹底將止捲處黏牢固定。接著將流蘇前端剪齊
至喜歡的長度，即完成。

Point
穿戴手環時可將固定帶鬆開，
穿至手腕，再調整到喜歡的鬆
緊度。
如果固定帶太鬆，會從流蘇上
脫落，因此請特別留意。若是
在意，任1條流蘇的前端打結
即可。

完成圖

約3cm

約20cm

約10cm

作品
P.12

繞圈編織的波奇包

◉使用線材

皆為AVRIL
- **經線** POPCORN 奇異果（06）、LINEN TWIST
  綠色（5）（包含緯線）各10g
- **緯線** BF RING 深灰色（19）、SYOUSENSHI
  COTTON II 黑色（105）各10g

◉使用織布機

寬10×長20cm的畫仙板織布機

◉組裝尺寸

以大約1cm的間隔，於織布機上側與波奇包袋口處
各釘上10根大頭針，下側則釘上11支（其中間1支
為左側轉角）。
經線取3股線，正反面掛線39目（寬10cm×長20
cm）。

◉完成尺寸

寬 10×長13cm（袋蓋關閉的狀態）

◉作法

1　將經線掛在織布機上固定後，由下方（底部）
　　開始編織。最初由左往右編織1段，之後由右
　　往左編織。一邊旋轉織布機，一邊正面→背面
　　一圈圈地編織雙面。
2　編織3～4段後，將下方的大頭針全部取下，
　　將緯線確實地緊靠下方，繼續編織。
3　編織至袋口的大頭針部分時，僅接續編織袋蓋
　　部分。
4　編織完成後，將緯線進行收尾處理，由織布機
　　上取下。
5　將織片翻至背面進行確認，決定哪一面當作正
　　面使用後，織線於背面穿出，進行收尾處理，
　　完成作品。
*　**織法、完成方法請參照P.40～41。**

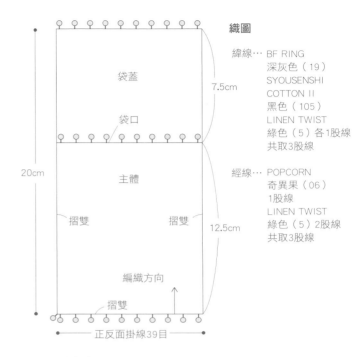

織圖

緯線… BF RING
深灰色（19）
SYOUSENSHI
COTTON II
黑色（105）
LINEN TWIST
綠色（5）各1股線
共取3股線

經線… POPCORN
奇異果（06）
1股線
LINEN TWIST
綠色（5）2股線
共取3股線

袋蓋
袋口　7.5cm
主體
20cm　12.5cm
摺雙　摺雙
編織方向
摺雙
正反面掛線39目

＜組合方法＞

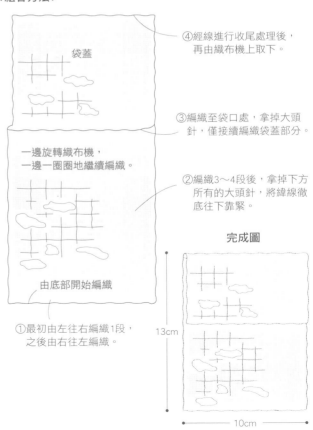

④經線進行收尾處理後，
　再由織布機上取下。

袋蓋

③編織至袋口處，拿掉大頭
　針，僅接續編織袋蓋部分。

一邊旋轉織布機，
一邊一圈圈地繼續編織。

②編織3～4段後，拿掉下方
　所有的大頭針，將緯線徹
　底往下靠緊。

由底部開始編織

完成圖

①最初由左往右編織1段，
　之後由右往左編織。

13cm

10cm

毛衣鈕釦
a
b
c
d

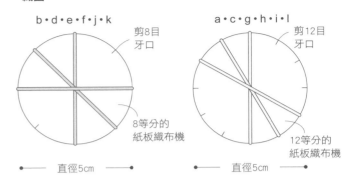

鑰匙圈
蘑菇鉛筆套
g
h
i
作為焦點裝飾
j
k
l

作品
P.17

◉使用線材

毛衣鈕釦
● 經線・緯線 皆為DMC TAPESTRY WOOL
a 黃色（7505）、c 紫色（7262）各1束
● 經線・緯線 皆為DARUMA Classic Tweed
b 淺綠色（9）、d 藍色（3）各少量（1球）

鑰匙圈
● 經線・緯線 皆為DARUMA Classic Tweed
e 藏青色（2）・線繩部分為芥末黃（8）、f 左＝
芥末黃（8）・右＝茶色（6）各少量（1球）

蘑菇鉛筆套
● 經線・緯線 皆為DMC TAPESTRY WOOL
g 綠色（7404）、h 橘色（7360）、i 水藍色
（7802）各1束

作為焦點裝飾
● 經線・緯線 皆為DARUMA Classic Tweed
j 紅褐色（5）、k 象牙白（7）各少量（1球）
● 經線・緯線 皆為DMC TAPESTRY WOOL
l 藍灰色（7028）1束

◉其他材料

● a・b・c・d・e・f・j・k
直徑2.5cm的鈕釦各1顆
● 鑰匙圈
鑰匙圈五金 2種
● 蘑菇鉛筆套
鉛筆

◉使用織布機

● 毛衣鈕釦・作為焦點裝飾
直徑5cm・經線12等分與8等分的捲織用紙板織布機
● 鑰匙圈
直徑5cm・經線8等分的捲織用紙板織布機
● 蘑菇鉛筆套
直徑5cm・經線12等分的捲織用紙板織布機

◉組裝尺寸

經線取1股線，於織布機上掛線2圈。

◉完成尺寸

參照織圖。

捲織包釦

織圖

b・d・e・f・j・k
剪8目
牙口
8等分的
紙板織布機
← 直徑5cm →
經線取1股線，掛線8目

a・c・g・h・i・l
剪12目
牙口
12等分的
紙板織布機
← 直徑5cm →
經線取1股線，掛線12目

一共掛上2圈經線後，緯線取1股線，開始編織。

完成圖

直接利用圓形的織片
約5cm
鎖針
穿過鑰匙圈五金
包釦

鈕釦造型
由上方
俯瞰的圖
約3cm
約2cm

製作包釦時，請以手指稍微弄
成缽形，並輕輕收緊，裝入直
徑2.5cm的鈕釦再徹底束緊，
於中心挑針縫合固定。

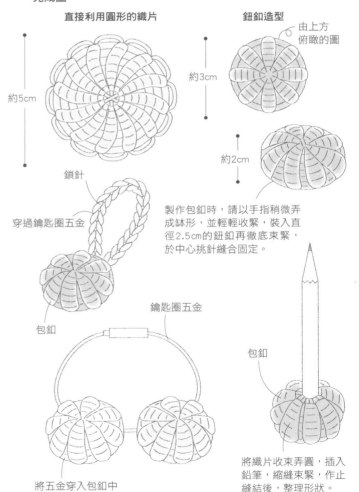

鑰匙圈五金
將五金穿入包釦中

包釦
將織片收束弄圓，插入
鉛筆，縮縫束緊，作止
縫結後，整理形狀。

◉作法

＊ 織法・完成方法請參照P.44～45。

作品
P.20

圓圈圈波奇包

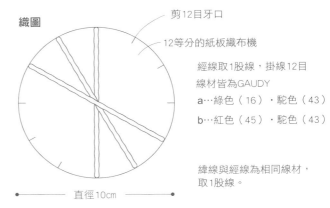

◉使用線材

● 經線・緯線 皆為AVRIL GAUDY
a 綠色（16）、駝色（43）各10 g
b 紅色（45）、駝色（43）各10 g

◉其他材料

直徑1cm鈕釦各1顆、鈕釦接縫用線

◉使用織布機

直徑10cm・經線12等分的捲織用紙板織布機

◉組裝尺寸

經線取1股線，於織布機上掛線2圈。

◉完成尺寸

直徑約10cm

◉作法

1　將經線掛在織布機上固定後，取必要數量的緯
　　線繼續編織。

2　編織完成後，由織布機上取下，並於背面側將
　　緯線沿著經線（任1條）穿入數次，剪掉多餘
　　部分。製作2片織片。

＊　**織法請參照P.44～45。**

3　將2片背面相對疊合後，以深色織片的織線沿
　　邊緣捲針縫縫合固定。

4　於波奇包口縫上鈕釦，完成。

織圖

剪12目牙口

12等分的紙板織布機

經線取1股線，掛線12目
線材皆為GAUDY
a…綠色（16）・駝色（43）
b…紅色（45）・駝色（43）

緯線與經線為相同線材，
取1股線。

直徑10cm

＜組合方法＞

經線取1股線，於織布機
上掛線2圈之後，緯線取
1股線，進行編織。

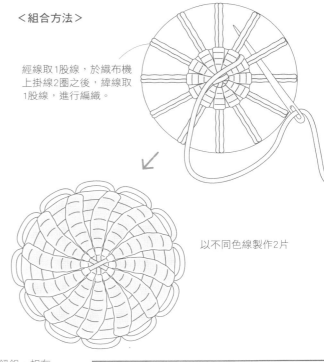

以不同色線製作2片

完成圖

於駝色織片接縫鈕釦，扣在
深色織片的緯線（線圈）裡。

袋口預留4個線圈

約10cm

背面相對疊合，以
深色方的織線進行
捲針縫。

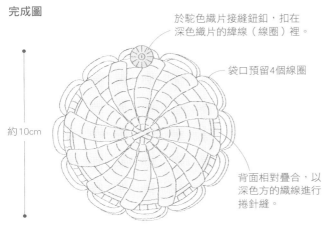

**直接使用織片時
線頭收尾的處理方法**

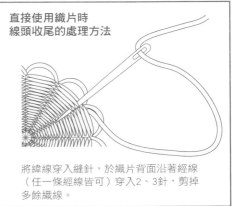

將緯線穿入縫針，於織片背面沿著經線
（任一條經線皆可）穿入2、3針，剪掉
多餘織線。

作品 P.19

迷你包釦項鍊&別針

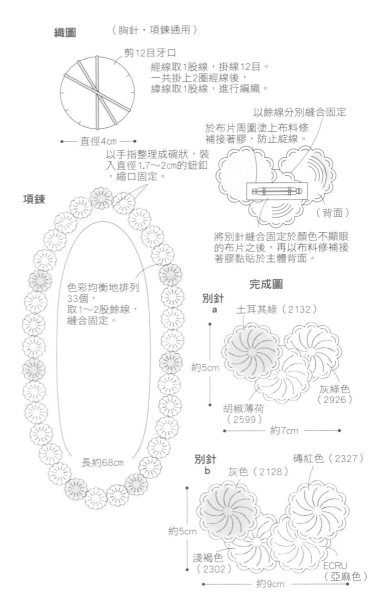

織圖　（胸針・項鍊通用）

剪12目牙口
經線取1股線，掛線12目。
一共掛上2圈經線後，
緯線取1股線，進行編織。

◀── 直徑4cm ──▶

以手指整理成碗狀，裝
入直徑1.7～2cm的鈕釦，
縮口固定。

項鍊

色彩均衡地排列
33個，
取1～2股餘線，
縫合固定。

長約68cm

以餘線分別縫合固定
於布片周圍塗上布料修
補接著膠，防止綻線。

（背面）

將別針縫合固定於顏色不顯眼
的布片之後，再以布料修補接
著膠黏貼於主體背面。

完成圖

別針
a
土耳其綠（2132）

約5cm

灰綠色
（2926）

胡椒薄荷
（2599）

◀── 約7cm ──▶

別針
b
灰色（2128）

磚紅色（2327）

約5cm

淺褐色
（2302）

ECRU
（亞麻色）

◀── 約9cm ──▶

● 使用線材

皆為MARCHEN ART
● 經線・緯線 皆為DMC RETORS繡線
項鍊
ECRU（亞麻色）、灰色（2128）、磚紅色
（2327）、深藍色（2595）、橘色（2160）、
紫色（2120）、土耳其綠（2132）、水藍
色（2828）、淺褐色（2302）、胡椒薄荷
（2599）、灰綠色（2926）各1束
別針a
土耳其綠（2132）、水藍色（2828）、灰綠色
（2926）各少量（各1束）
別針b
灰色（2128）、淺褐色（2302）、ECRU（亞麻
色）、磚紅色（2327）各少量（各1束）

● 其他材料

項鍊 直徑1.7～2cm的鈕釦（基本款）33顆
別針 別針（長3.5cm各1個）、布片少量（與織線
同色系或顏色較不顯眼的布片）、布料修補接著膠

● 使用織布機

直徑4cm・經線12等分的捲織用紙板織布機

● 組裝尺寸

經線取1股線，於織布機上掛線2圈。

● 完成尺寸

項鍊 長約68cm
別針 a 約5×7cm、b 約5×9cm

● 作法～通用

1　將經線掛在織布機上固定後，取必要量的緯線
　　進行編織。
2　編織完成後，由織布機上取下。

● 項鍊作法

1　紡織好的織片以手指整理成碗狀，輪流挑縫織
　　片邊端的織線，稍微縮口後裝入鈕釦。
2　將步驟1徹底束緊，於中心處挑針幾次，縮縫
　　固定。1束線材可製作3個，共計製作33個。
＊　**織法、完成方法請參照P.44～45。**
3　將步驟2色彩均衡地排列，一個個接縫固定，
　　完成作品。（縫線可使用1至2股餘線進行）

● 別針作法

1　紡織好的織片，將緯線線頭穿入背面，沿經線
　　（任1條）穿入數針後剪斷。
　　※線頭的收尾處理方法請參照P.65。
　　別針a為3色各製作1個，別針b為4色各製作1
　　個。
2　別針a・b分別於背面縫合固定（縫線可使用1
　　至2股餘線進行）。
3　裁剪一塊大於別針尺寸的布片，縫上別針。
＊　**只要於布片邊緣塗上布料修補接著膠，即可預
　　防綻線。**
4　將3黏貼於2的背面（或縫合一圈固定），即
　　完成。

a
b
c
d

作品
P.18

繽紛絢麗的戒指

◉使用線材

皆為DMC 25號繡線（取6股線）

● 緯線

a 藍綠色（3849）、Coloris Primavera（4506）各
少量（各1束）

b Coloris 椿（4502）1束

c 玫瑰粉（601）、Coloris 北風（4523）各少量
（各1束）

d 玫瑰粉（601）1束

◉其他材料

經線⋯飾品用的細鬆緊繩

大圓珠 銀色15顆（使用於d）

◉使用織布機

筒織用紙板織布機（以自己的戒圍尺寸製作使用）

◉組裝尺寸

a 經線取6股線，掛線5目，織幅設定約1.2cm。

b 經線取6股線，掛線6目，織幅設定約1.5cm。

c 經線取6股線，掛線7目，織幅設定約1.5cm。

d 經線取6股線，掛線5目，織幅設定約1.2cm。

◉完成尺寸

圖為11號戒圍（請依個人尺寸配置）

◉作法

1 將經線掛在織布機上固定後，緯線取6股線，
一邊確實靠緊織目，一邊編織。戒指a・c請
分別參考織圖，於途中更換緯線。

2 戒指d是預先於正中央的經線穿入圓珠，參照
圖示預留間隔，進行編織。編織完成後，剪掉
經線的多餘部分，將緯線線頭收尾處理，再由
織布機上取下。

完成圖

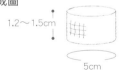

1.2～1.5cm

5cm

織法　筒織用織布機的作法請參照P.43。

於經線捲繞起點黏貼
紙膠帶，作出織布機
右側邊端的基準線。

經線捲繞於織布機
上，打單結。線頭以
紙膠帶固定。

捲線5次，在前1條
的經線上掛線後剪
斷。線頭同樣以紙膠
帶固定。

調整經線的間隔，緯
線穿入縫針，以上、
下、上的順序交互挑
起經線，進行編織。

編至左邊端時回頭，
穿入緯線的方式與前
段相反。以叉子靠緊
織線，整理織目。

決定戒指寬幅後，於
左側黏貼紙膠帶。一
邊靠緊織目，一邊重
複步驟4、5，直到
完成。

Point

開始編織的右端經線，是一邊織入數段，一邊逐一
編織。結束編織的左端經線也是於最後的數段，與
左側經線一起織入。

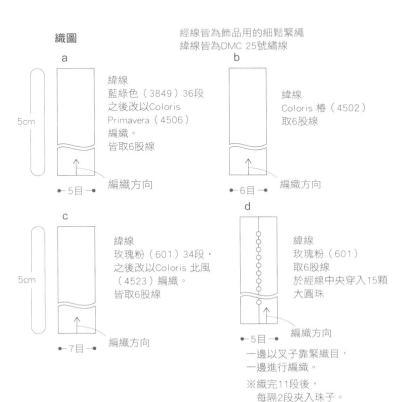

織圖

經線皆為飾品用的細鬆緊繩
緯線皆為DMC 25號繡線

a

5cm

緯線
藍綠色（3849）36段
之後改以Coloris
Primavera（4506）
編織。
皆取6股線

←5目→　編織方向

b

緯線
Coloris 椿（4502）
取6股線

←6目→　編織方向

c

5cm

緯線
玫瑰粉（601）34段・
之後改以Coloris 北風
（4523）編織。
皆取6股線

←7目→　編織方向

d

緯線
玫瑰粉（601）
取6股線
於經線中央穿入15顆
大圓珠

←5目→　編織方向

一邊以叉子靠緊織目，
一邊進行編織。

※織完11段後，
每隔2段夾入珠子。

作品
P.23

每天使用的杯墊

◉ 使用線材

皆為DARUMA

● 經線 Wool Jute 淺駝色（2）（包含緯線）
各少量（1個）
● 緯線 soft cotton 綠色（1）、磚紅色（3）
各少量（各1球）

◉ 使用織布機

寬16×長20×高8cm，於長邊20cm側，間隔5mm剪牙口的紙盒織布機。

◉ 組裝尺寸

經線取1股線，於織布機的長邊（20cm），間隔5mm剪牙口，掛上18目。
若是盒內可收納織片大小的織布機，就算是稍小的織布機也能夠織出相同尺寸的杯墊。此時經線的掛法為，每1目在牙口外側（紙盒外側）預留7cm的流蘇長度。

◉ 完成尺寸

9.5×13cm（包含流蘇）

◉ 作法

1 將經線掛在織布機上固定，參考織圖更換緯線的顏色，進行編織。當緯線使用Wool Jute時，請揉開織線，使用其中1股線編織。
2 編織完成後，每2條經線一起取下，於織片的邊緣逐一打結。最初請先輕輕打結，由織布機上取下後，再一邊整理形狀，一邊牢牢打結。
3 流蘇裁剪成喜好的長度，即完成。
＊ 織法請參照P.42，緯線換色請參照P.37。

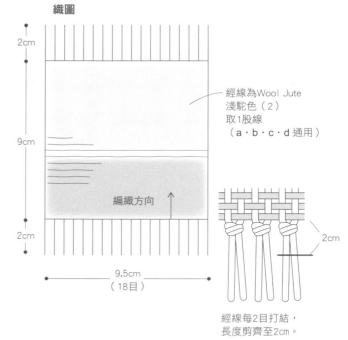

織圖

2cm

9cm

2cm

9.5cm
（18目）

經線為Wool Jute
淺駝色（2）
取1股線
（a・b・c・d 通用）

編織方向

2cm

經線每2目打結，
長度剪齊至2cm。

緯線的配色

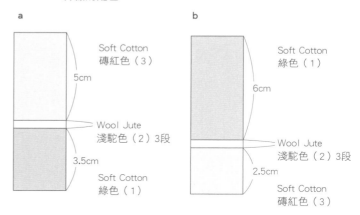

a

Soft Cotton
磚紅色（3）

5cm

Wool Jute
淺駝色（2）3段

3.5cm

Soft Cotton
綠色（1）

b

Soft Cotton
綠色（1）

6cm

Wool Jute
淺駝色（2）3段

2.5cm

Soft Cotton
磚紅色（3）

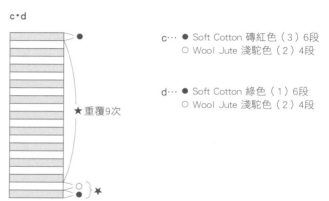

c・d

★重覆9次

c… ● Soft Cotton 磚紅色（3）6段
○ Wool Jute 淺駝色（2）4段

d… ● Soft Cotton 綠色（1）6段
○ Wool Jute 淺駝色（2）4段

作品
P.24

◉使用線材

皆為Art Fiber Endo 刺繡組SP_N（白色系）
10束1組與Loop Yarn（LY_417）
● **經線** 變化線（N）SP_N_02、SP_N_03、SP_
N_04、SP_N_05、SP_N_06、SP_N_07、SP_
N_08、SP_N_09、SP_N_10、圈圈紗Loop Yarn
（LY_417）各1束
● **經線** 變化線（N）SP_N_01 1束

◉其他材料

布料修補接著膠

◉使用織布機

寬16×長20×高8cm，於寬邊間隔8～9cm剪牙口的
紙盒織布機。

◉組裝尺寸

經線取2至6股線，於織布機的寬邊（16cm），間
隔約8mm牙口處，掛上15目。

◉完成尺寸

10.5×19cm

◉作法

1　參考織圖掛上經線固定，緯線取1股線，開始
編織。
2　一邊以叉子整理織目，一邊以2段等同1cm為
標準來編織。
3　編織完成後，經線進行線頭收尾，即完成。
＊　**織法、完成方法請參照P.42。**

少女風飾墊

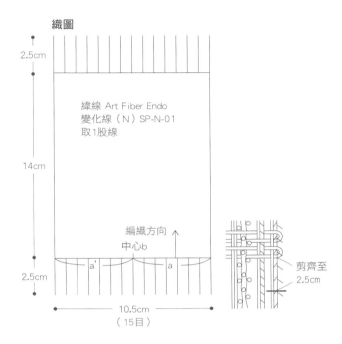

織圖

2.5cm

緯線 Art Fiber Endo
變化線（N）SP-N-01
取1股線

14cm

編織方向
中心b

2.5cm
a' ← → a

剪齊至
2.5cm

10.5cm
（15目）

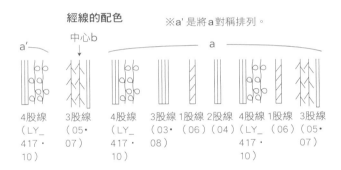

經線的配色　※a'是將a對稱排列。

a'　　中心b　　　　　　　　a

4股線　3股線　4股線　3股線　1股線　2股線　4股線　1股線　3股線
（LY_　（05・　（LY_　（03・　（06）　（04）　（LY_　（06）　（05・
417・　07）　417・　08）　　　　　　417・　　　　07）
10）　　　　10）　　　　　　　　　10）

Art Fiber Endo刺繡組SP-N
（白色系）的繡線取2～5股線進行。
※全部掛線後，再於每個織目各掛1股02線。

經線與緯線的線材編號　※除了LY_417以外，皆為SP_N_系列

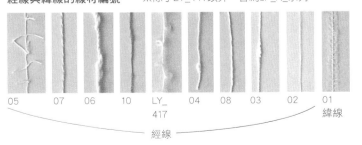

05　07　06　10　LY_　04　08　03　02　01
　　　　　　　　417　　　　　　　　　緯線

經線

完成圖

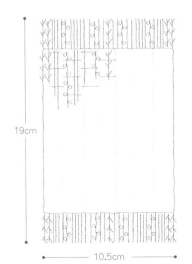

19cm

10.5cm

作品 P.25

拼貼編織墊

◉ 使用線材
● 經線 DARUMA Wool Jute 藍色（3）（包括緯線 1個）約5g、寬1cm的飾帶原色25cm
● 緯線 AVRIL BF Ring Soda（05）少量（10g）、 Art Fiber Endo PICO NP_15（藍色1束）、 毛根3條（玫瑰色、橘色、淺駝色）、 寬7mm與1.2cm的緞帶各20cm、 藍色的細格紋布條 寬9mm×50cm

◉ 其他材料
布料修補接著膠

◉ 使用織布機
寬23×長22×高10cm，於寬邊間隔8cm剪牙口的 紙盒織布機。

◉ 組裝尺寸
經線取2股線，包括1處織帶，於織布機的寬邊 （23cm）約間隔8mm剪牙口處，掛上14目。織帶末 端請以紙膠帶黏貼固定於牙口處。

◉ 完成尺寸
13×21.5cm

◉ 作法
1　將經線掛在織布機上固定後，參考織圖更換織 線，進行編織。緯線中的毛根與緞帶，最後再 進行線頭的收尾。
2　編織完成後，先在經線塗上布料修補接著膠， 再由織布機上取下織片。
3　進行緯線的緞帶與毛根線頭收尾。緞帶是將兩 端摺往背面，穿過幾目經線後，再以布料修補 接著膠黏貼邊端。毛根同樣是將左右兩端內 摺，穿入經線數目藏起。
4　接著將緯線的織帶兩端摺往背面，再以布料修 補接著膠黏貼固定。流蘇剪齊即完成。
＊　**織法、完成方法請參照P.42，緯線的換線方法 請參照P.37。**

Point
作業中，當織布機產生輕微移動時，盒中可放入石 頭或啞鈴等當作重石（任何物品皆OK），只要固定 好織布機，編織就會變得簡單。之後使用紙盒織布 機製作作品時，作法皆同。

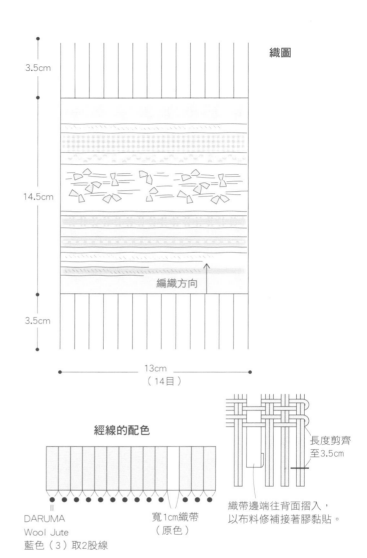

織圖

3.5cm

14.5cm

3.5cm

編織方向

13cm
（14目）

經線的配色

DARUMA Wool Jute 藍色（3）取2股線

寬1cm織帶（原色）

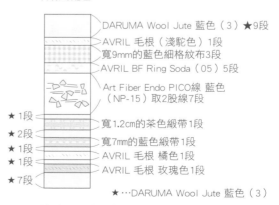

長度剪齊至3.5cm

織帶邊端往背面摺入， 以布料修補接著膠黏貼。

緯線的配色

DARUMA Wool Jute 藍色（3）★9段
AVRIL 毛根（淺駝色）1段
寬9mm的藍色細格紋布3段
AVRIL BF Ring Soda（05）5段
Art Fiber Endo PICO線 藍色 （NP-15）取2股線7段

★1段 ─ 寬1.2cm的茶色緞帶1段
★2段 ─ 寬7mm的藍色緞帶1段
★1段 ─ AVRIL 毛根 橘色1段
★1段 ─ AVRIL 毛根 玫瑰色1段
★7段 ─

★…DARUMA Wool Jute 藍色（3）

※毛根與緞帶的兩端往背面摺入， 　於經線上穿過數目後，以布料修補接著膠黏貼。

作品
P. 27

手鐲

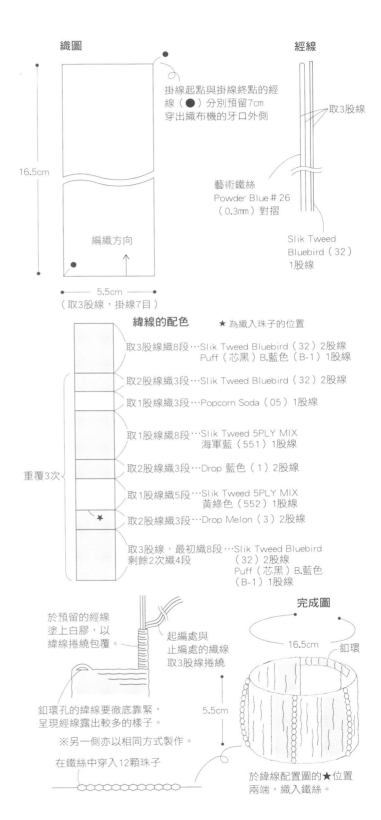

◉ 使用線材

皆為AVRIL

● **經線** Slik Tweed Bluebird（32）（包含緯線、10g）

● **緯線** Slik Tweed 5PLY MIX 海軍藍（551）、黃綠色（552）各10 g、Drop 藍色（1）、Melon（3）、Puff（芯黑）B.藍色（B-1）、Popcorn Soda（05）各少量（10g）

◉ 其他材料

經線…藝術鐵絲Powder Blue＃26（0.3mm）1個、4mm角珠36顆、布料修補接著膠或手藝用白膠

◉ 使用織布機

寬16×長20×高8cm，於寬邊間隔8～9mm剪牙口的紙盒織布機。

◉ 組裝尺寸

取2條鐵絲與1股線共3條線材，於織布機的寬邊（10cm），間隔8mm剪牙口處掛上7目（寬5.5× 長15.5cm）。

◉ 完成尺寸

5.5×16.5 cm（左右釦環部分除外）

◉ 作法

1　鐵絲剪成270cm後對摺，纏繞1股線後作為經線，掛在織布機上。掛線起點與掛線終點皆穿出牙口外側7cm。

2　參考織圖更換緯線，以叉子將織目靠緊，進行編織。

3　編織完成後，另取鐵絲穿入珠子，貼放於3處。鐵絲兩端穿入織片中固定。＊織法請參照P.42。

4　將3的織片由織布機上取下，掛在牙口部分的經線以緯線纏繞，包覆黏貼。已織好的緯線邊端，將1處織目靠得更加緊密，呈現經線露出較多的樣子（此處會成為釦環通過之處，因此盡可能作大一些）。

5　接著在起編處與止編處穿出牙口的預留經線塗上白膠，以緯線捲繞，完全包覆黏貼。

※戴在手腕上時，將5的釦環穿入4的預留孔中，調整成適合的尺寸後，彎曲前端扣住。

織圖

16.5cm

5.5cm
（取3股線，掛線7目）

編織方向

經線

掛線起點與掛線終點的經線（●）分別預留7cm穿出織布機的牙口外側

取3股線

藝術鐵絲 Powder Blue ＃26（0.3mm）對摺

Slik Tweed Bluebird（32）1股線

緯線的配色　　★ 為織入珠子的位置

取3股線織8段…Slik Tweed Bluebird（32）2股線 Puff（芯黑）B.藍色（B-1）1股線

取2股線織3段…Slik Tweed Bluebird（32）2股線

取1股線織3段…Popcorn Soda（05）1股線

取1股線織8段…Slik Tweed 5PLY MIX 海軍藍（551）1股線

取2股線織3段…Drop 藍色（1）2股線

取1股線織5段…Slik Tweed 5PLY MIX 黃綠色（552）1股線

取2股線織3段…Drop Melon（3）2股線

取3股線，最初織8段…Slik Tweed Bluebird（32）2股線 Puff（芯黑）B.藍色（B-1）1股線 剩餘2次織4段

重覆3次

於預留的經線塗上白膠，以緯線捲繞包覆。

起編處與止編處的織線取3股線捲繞

釦環孔的線要徹底靠緊，呈現經線露出較多的樣子。

※另一側亦以相同方式製作。

在鐵絲中穿入12顆珠子

完成圖

16.5cm

釦環

5.5cm

於緯線配置圖的★位置兩端，織入鐵絲。

作品
P.26

兩用手鍊項鍊～森林～

◉使用線材

皆為Art Fiber Endo
● **緯線** 變化線（DG）SP_DG_01、SP_DG_03、SP_DG_07、SP_DG_09（包含經線）、變化線（LG）SP_LG_01、變化線（G）SP_G_10、特殊羽翼線RP_222、PICO線NP_09各1束

◉其他材料

經線…藝術鐵絲Olive＃28（0.3mm）1個、約1.4cm方型鈕釦6顆、布料修補接著膠或手藝用（木工用）白膠

◉使用織布機

寬16×長20×高8cm・於長邊20cm間隔5mm剪牙口的紙盒織布機。

◉組裝尺寸

經線是織線與鐵絲各取1條，掛上4目。稍微錯開位置在織布機上掛線，進行編織。

◉完成尺寸

最寬處2×長52cm

◉作法

1　鐵絲剪成120cm，輕輕對摺後穿入鈕釦孔中。鈕釦上方的鐵絲，製作成另一端鈕釦可穿入的釦環，預留釦環大小後彎曲成圓形，在連接處扭轉定形。

2　在1中穿入織線。當織線難以穿入鈕釦孔時，只要另取鐵絲對摺，作成引線針夾著織線穿入，就可輕鬆進行作業。此即為經線。

3　將1製作的釦環掛在織布機上，穿入餘下5顆鈕釦。穿入最後的鈕釦之後，尾端的鐵絲暫時維持原狀。

4　緯線穿入手縫針，參照織圖依序更換緯線，進行編織。作業時，將眼前的鐵絲貼靠在織布機上，並且一邊將編織完成的部分捲入織布機底部，一邊進行。更換緯線時，將原織線線頭一圈圈纏繞於鈕釦的連接處，以白膠固定後剪掉餘線。下一條織線也在同一處纏繞2至3次，再開始編織。

5　編織至最後時，先將尾端鐵絲牢牢纏繞於鈕釦連接處，剪掉多餘部分。再將織線線頭纏繞上去，以白膠固定後剪掉多餘部分。

6　在起編時製作的釦環塗上白膠，以織線纏繞包覆，完成。

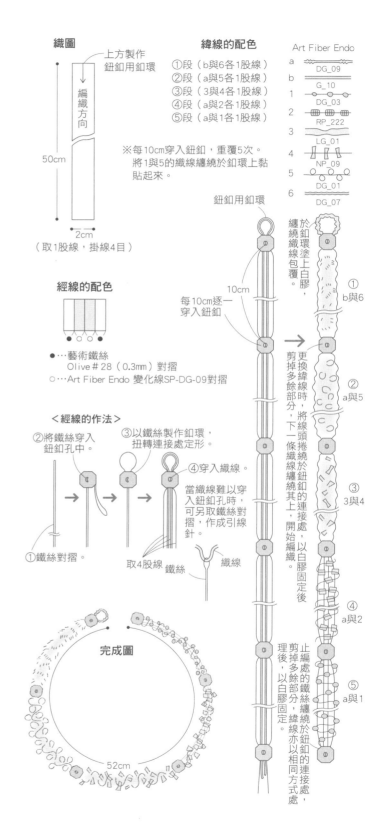

織圖

編織方向

上方製作鈕釦用釦環

50cm

2cm

（取1股線，掛線4目）

緯線的配色

①段（b與6各1股線）
②段（a與5各1股線）
③段（3與4各1股線）
④段（a與2各1股線）
⑤段（a與1各1股線）

※每10cm穿入鈕釦，重覆5次。將1與5的織線纏繞於釦環上黏貼起來。

Art Fiber Endo

a	DG_09
b	G_10
1	DG_03
2	RP_222
3	LG_01
4	NP_09
5	DG_01
6	DG_07

經線的配色

●…藝術鐵絲 Olive＃28（0.3mm）對摺
○…Art Fiber Endo 變化線SP-DG-09對摺

＜經線的作法＞

①鐵絲對摺。

②將鐵絲穿入鈕釦孔中。

③以鐵絲製作釦環，扭轉連接處定形。

④穿入織線。
當織線難以穿入鈕釦孔時，可另取鐵絲對摺，作成引線針。

取4股線　鐵絲　織線

鈕釦用釦環

纏繞織線包覆

於釦環塗上白膠，纏繞織線包覆。

每10cm逐一穿入鈕釦

10cm

剪掉多餘部分，下一條織線纏繞其上，開始編織。

更換緯線時，將線頭捲繞於鈕釦的連接處，以白膠固定後

①b與6
②a與5
③3與4
④a與2
⑤a與1

止編處的鐵絲纏繞於鈕釦的連接處，緯線亦以相同方式處理後，剪掉多餘部分，以白膠固定。

完成圖

52cm

72

作品
P.26

兩用手鍊項鍊～花卉～

◉使用線材

● **經線緯線** 兩者皆為AVRIL
和紙 Mole 粉紅色（07）、Cotton Gima 淺灰色
（44）各少量（10g）

◉其他材料

經線…藝術鐵絲白色＃28（0.3mm）1個
鈕釦（鮭魚粉色～橘色系）
直徑2.5cm 3顆、直徑2cm 1顆、直徑1.8cm 2顆（2
種）、直徑1.5cm 5顆（2種）、直徑1.3cm 4顆（2
種）、直徑1.2cm 5顆
布料修補接著膠或手藝用（木工用）白膠

◉使用織布機

寬16×長20×高8cm・於長邊20cm間隔5mm剪牙口
的紙盒織布機。

◉組裝尺寸

經線是取1股織線與1條鐵絲共2條線材，掛上4
目。稍微錯開位置在織布機上掛線，進行編織。

◉完成尺寸

最寬處2.8× 長44cm

◉作法

1　剪2條100cm的鐵絲，輕輕對摺後穿入直徑2.5
　　cm的鈕釦孔中。鈕釦上方的鐵絲，製作成另一
　　端鈕釦可穿入的釦環，預留釦環大小後彎曲成
　　圓形，在連接處扭轉定形。

2　在1中穿入織線。當織線難以穿入鈕釦孔時，
　　只要另取鐵絲對摺，作成引線針夾著織線穿
　　入，就可輕鬆進行作業（參照P.72）。此即為
　　經線。

3　在開始編織前，先決定好鈕釦配置，排列成完
　　成尺寸的長度。

4　參考3的配置圖，先將鈕釦穿入2的經線中。

5　緯線穿入縫針，鬆鬆的穿入3之間進行編織。
　　首先穿入1種織線（Cotton Gima）鬆鬆的編
　　織。完成後，再其上重疊織入另1種織線（和
　　紙Mole）。編織途中織線不足時，可將線頭
　　一圈圈地纏繞於附近鈕釦的連接處，再以白膠
　　固定。續上的線頭亦於同一連接處纏繞之後，
　　繼續編織。作業時，將眼前的鐵絲貼靠在織布
　　機上，並且一邊將編織完成的部分捲入織布機
　　底部，一邊進行。

編織圖

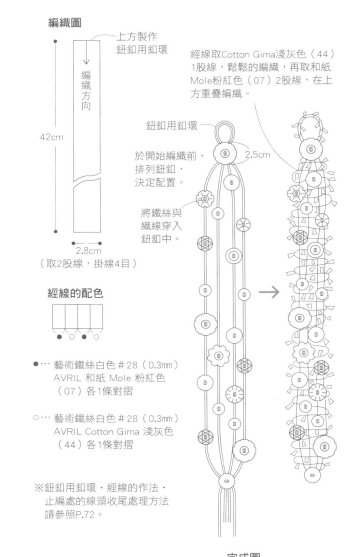

42cm

編織方向

上方製作
鈕釦用釦環

2.8cm

（取2股線，掛線4目）

經線的配色

●… 藝術鐵絲白色＃28（0.3mm）
　　AVRIL 和紙 Mole 粉紅色
　　（07）各1條對摺

○… 藝術鐵絲白色＃28（0.3mm）
　　AVRIL Cotton Gima 淺灰色
　　（44）各1條對摺

經線取Cotton Gima淺灰色（44）
1股線，鬆鬆的編織，再取和紙
Mole粉紅色（07）2股線，在上
方重疊編織。

2.5cm

鈕釦用釦環

於開始編織前，
排列鈕釦，
決定配置。

將鐵絲與
織線穿入
鈕釦中。

※鈕釦用釦環・經線的作法・
止編處的線頭收尾處理方法
請參照P.72。

完成圖

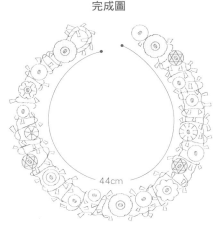

44cm

6　編織至最後時，先將
　　尾端鐵絲牢牢纏繞於
　　鈕釦連接處，剪掉多
　　餘部分。再將緯線線
　　頭纏繞上去，以白膠
　　固定後剪掉餘線。

7　在起編時製作的釦環
　　塗上白膠，以織線纏
　　繞包覆，完成。

作品
P.30

◉ 使用線材
● 束口袋a 經線、緯線皆為AVRIL Marco II
　 灰色（04）少量（10g）
● 束口袋b‧c‧d 經線、緯線皆為DARUMA
　 Wool Jute 淺駝色（2）各少量（1個）

◉ 其他材料
● 束口袋a 寬5mm的緞帶（銀灰色）30cm
● 束口袋b 寬約3mm的繩帶（灰色）60cm（裁剪成
　 30cm×2條）
● 束口袋c 寬約4mm的飾繩60cm（裁剪成30cm×2
　 條）花朵與蝴蝶結的飾帶約20cm
● 束口袋d 寬5mm的緞帶（鮭魚粉色）24cm
● 通用 布料修補接著膠

◉ 使用織布機
a‧c為縱11×橫11cm、小釘子的間隔1cm，b為約5
mm的木框織布機
d為縱約8.5×橫8.5cm、小釘子的間隔約5mm，利用
木桁製作的木框織布機

◉ 組裝尺寸
經線皆取1股線，一邊掛線於小釘子上，一邊進行
編織（a‧b‧c為10×10cm、d為7.5×7.5cm）

◉ 完成尺寸
a‧b‧c 10×10cm
d 7.5×7.5cm（統一在束口繩拉平的狀態下測量）

◉ 作法
1　每個束口袋都需要編織2片織片。分別在織布
　　機掛上a～d的織線，進行編織。其中1片織片
　　的起編處或收邊處線頭要預留長一些，以便作
　　為併縫線（大約取單邊尺寸的4倍長即可）。
2　編織完成後，由織布機上取下，預留線以外的
　　線頭進行收尾。
＊　織法請參照P.46～47。
3　將2織片背面相對疊合，以捲針縫縫合袋口以
　　外的三邊。
4　於3穿入束口繩即完成。c款則是先穿入袋身
　　的飾帶，剪掉多餘部分，對齊繩端後，再以布
　　料修補接著膠黏合固定。

小型束口袋 4 姊妹

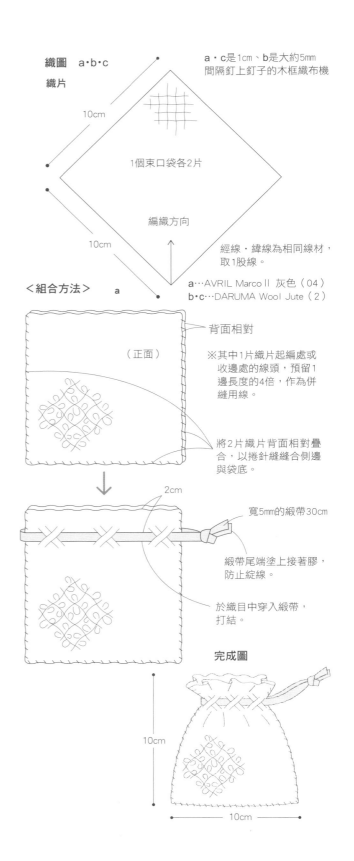

織圖　a‧b‧c
織片

10cm

10cm

1個束口袋各2片

編織方向

a‧c是1cm、b是大約5mm
間隔釘上釘子的木框織布機

經線‧緯線為相同線材，
取1股線。

a…AVRIL Marco II 灰色（04）
b‧c…DARUMA Wool Jute（2）

＜組合方法＞　a

（正面）

背面相對

※其中1片織片起編處或
收邊處的線頭，預留1
邊長度的4倍，作為併
縫用線。

將2片織片背面相對疊
合，以捲針縫縫合側邊
與袋底。

2cm

寬5mm的緞帶30cm

緞帶尾端塗上接著膠，
防止綻線。

於織目中穿入緞帶，
打結。

完成圖

10cm

10cm

b

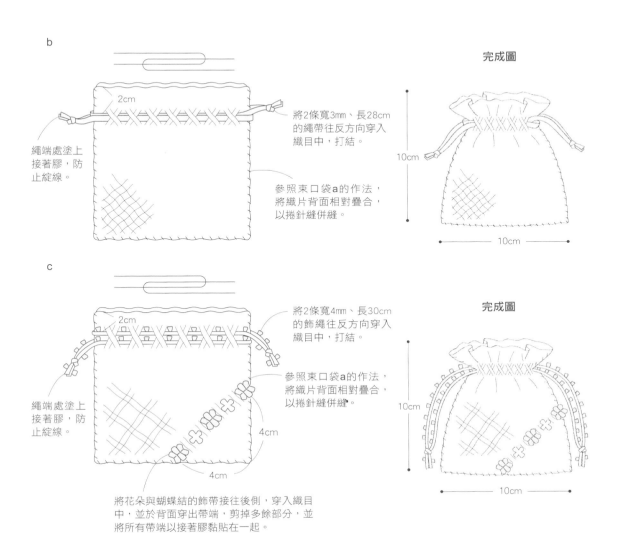

完成圖

2cm

將2條寬3mm、長28cm
的繩帶往反方向穿入
織目中，打結。

繩端處塗上
接著膠，防
止綻線。

參照束口袋a的作法，
將織片背面相對疊合，
以捲針縫併縫。

10cm

10cm

c

2cm

將2條寬4mm、長30cm
的飾繩往反方向穿入
織目中，打結。

參照束口袋a的作法，
將織片背面相對疊合，
以捲針縫併縫。

繩端處塗上
接著膠，防
止綻線。

4cm

4cm

將花朵與蝴蝶結的飾帶接往後側，穿入織目
中，並於背面穿出帶端，剪掉多餘部分，並
將所有帶端以接著膠黏貼在一起。

完成圖

10cm

10cm

織圖　d

以大約5mm間隔釘上釘子，
利用木枡製作的木框織布機。

織片

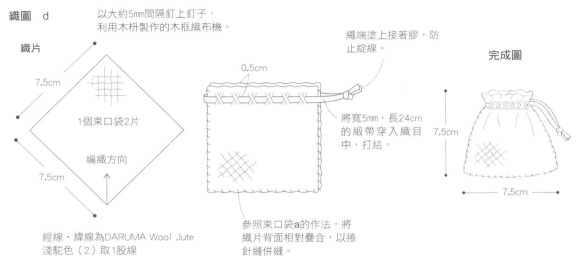

繩端塗上接著膠，防
止綻線。

完成圖

0.5cm

7.5cm

1個束口袋2片

編織方向

7.5cm

將寬5mm、長24cm
的緞帶穿入織目
中，打結。

7.5cm

7.5cm

經線‧緯線為DARUMA Wool Jute
淺駝色（2）取1股線

參照束口袋a的作法，將
織片背面相對疊合，以捲
針縫併縫。

75

作品 P.33

千鳥格紋餐墊

◉ 使用線材

皆為DARUMA Clasic Tweed

● 經線・緯線 a 茶色（6）・淺灰色（9）、
b 灰色（1）・淺灰色（9）、c 紅褐色（5）・
茶色（6）、d 芥末黃（8）・淺灰色（9）、
e 藍色（3）・淺灰色（9）、f 茶色（6）・
芥末黃（8）、g 紅褐色（5）・象牙白（7）
各少量（10g）

◉ 使用織布機

縱橫約11×11cm、小釘子的間隔約5mm的木框織
布機

◉ 組裝尺寸

經線皆取1股線，從左下的釘子開始，以1色2目的
方式輪流掛線（縱10×橫10cm）

◉ 完成尺寸

皆約10×10 cm

◉ 作法

1　參考織圖，將兩色經線掛在織布機上固定後，
　　兩色線分別沿織布機圍上4圈，剪線。（圍上
　　的織線即為緯線）
2　使用與經線相同的織布機繼續編織。紡織時一邊
　　以叉子徹底靠緊織目，一邊進行。
3　編織完成後，由織布機上取下，進行經線與緯
　　線的線頭收尾。
＊　**織法、完成方法請參照P.48。**

織圖

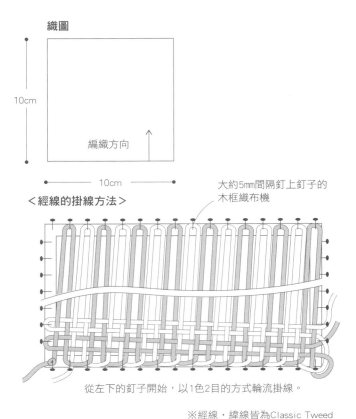

10cm

編織方向

10cm

＜經線的掛線方法＞

大約5mm間隔釘上釘子的
木框織布機

從左下的釘子開始，以1色2目的方式輪流掛線。

經線的配色

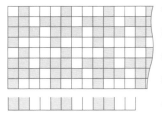

※經線・緯線皆為Classic Tweed

a	□茶色（6）		□淺灰色（9）
b	□灰色（1）		□淺灰色（9）
c	□紅褐色（5）		□茶色（6）
d	□芥末黃（8）		□淺灰色（9）
e	□藍色（3）		□淺灰色（9）
f	□茶色（6）		□芥末黃（8）
g	□紅褐色（5）		□象牙白（7）

緯線的配色

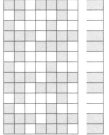

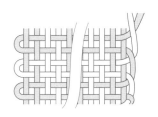

※緯線以1色2段的方式輪流換線
　（顏色），進行編織。

完成圖

約10cm

約10cm

◉使用線材

● 經線緯線 兩者皆為MARCHEN ART Hemp Twine
中型 粗細約1.8mm

織片
深棕色（324）、藍色（325）、黃色（327）、
橘色（328）、紅色（329）、土耳其藍（330）、
洋紅色（335）、萊姆綠（336）、淺土耳其藍
（337） 各1軸（10 m）

手提袋的提把・織片捲針縫用
淺棕色（322）2軸（20 m）
＊手拿包時作為捲繩用。

◉其他材料

直徑3cm的鈕釦（手拿包）

◉使用織布機

● 織片 縱約8.5×橫8.5cm，小釘子的間隔約5mm，
利用木枡製作的木框織布機
● 手提袋的提把 寬3cm×長25cm的畫仙板織布機

◉組裝尺寸

● 織片 取1股線，一邊在小釘子上掛線，一邊進行
編織（縱7.5× 橫7.5cm）。
● 手提袋的提把 以5mm間隔，於上下兩端各釘上4
根大頭針，經線取1股線，掛線5目（寬2cm× 長
24 cm）。

◉完成尺寸

約21 × 21cm（不含提把。作為手拿包使用時，為
展開的尺寸）

◉作法

1 一邊將經線掛在木框織布機上固定，一邊編
織。製作中時以叉子將織目徹底靠緊，進行
編織。

2 編織完成後，由織布機上取下，進行經線與緯
線的線頭收尾。

3 重複作法1至2，製作必要片數的織片。

＊ 織法、完成方法請參照P.46～47。

4 將3完成的9片各色織片，以捲針縫逐一拼
接。先縱向併縫3片，再橫向拼接。共製作2
片。

5 若製成手提袋，需以畫仙板織布機編織2片提
把，完成後進行經線與緯線的收尾處理。
接縫固定於4的上方。

＊ 提把織法、完成方法請參照P.38～39。

6 手提袋是先進行步驟5，手拿包則是在步驟4
之後將兩織片背面相對疊合，以捲針縫縫合袋
口以外的三邊，製成袋狀。手提袋至此步驟完
成。

7 若製作手拿包，繼續在前側縫上鈕釦，於袋口
一處穿入固定用的捲繩，即完成作品。

織片拼接的小提袋與手拿包

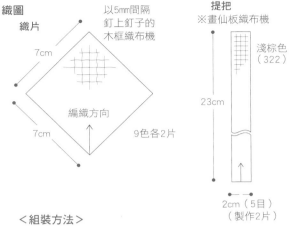

織圖
織片
以5mm間隔
釘上釘子的
木框織布機
7cm
7cm
編織方向
9色各2片

提把
※畫仙板織布機
淺棕色
（322）
23cm
2cm（5目）
（製作2片）

<組裝方法>
淺棕色（322）
取1股線捲針縫

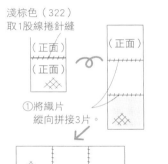

（正面）
（正面）
（正面）

①將織片
縱向拼接3片。

主體的配色

深棕色（324）	黃色（327）	藍色（325）
橘色（328）	淺土耳其藍（337）	土耳其藍（330）
洋紅色（335）	萊姆綠（336）	紅色（329）

（正面）

（正面）

②將縱向拼接3片的織片
並排，橫向拼接3片。
（製作另1片相同織片）

③將2片主體疊合後，以捲針
縫縫合側邊・袋底。

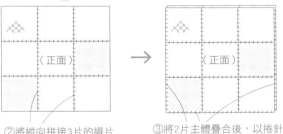

小提袋
完成圖
21cm
21cm

提把
2cm
（背面）

④將提把縫合固定於內側。

手拿包

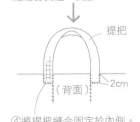

1cm
15cm
打結
21cm

將長25cm的淺棕色（322）
當作捲繩穿入後側，打結。

於前側接縫鈕釦

作品
P.31

透視感裝飾編織的杯墊

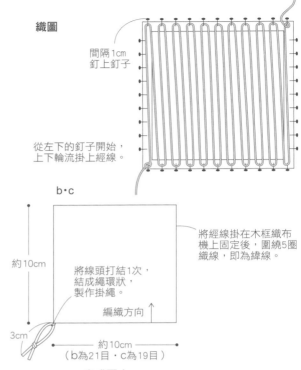

● 使用線材

● **經線緯線** 皆為DARUMA SASAWASHI
a・c 淺茶色（2）、b・d 象牙白（1）、e 咖啡歐蕾
（9）各少量（1個25g）

● 其他材料

裝飾織線
● **杯墊a** DAUMA Wool Roving（以下標記為D Roving）
淺駝色（2）少量（1球）
● **杯墊b** D Roving 灰色（66）少量（1球）
● **杯墊c** AVRIL GAUDY（以下標記為A GAUDY）
綠色（16）少量（10g）
● **杯墊d** A GAUDY 紅色（45）少量（10g）、
D Roving 灰色（6）少量（10g）
● **杯墊e** A GAUDY 駝色（43）、紅色（45）
各少量（各10g）

● 使用織布機

a・d・e 縱橫約11×11cm、小釘子的間隔約5mm的
木框織布機。
b・c 縱橫約11×11cm、小釘子的間隔約1cm的木框
織布機。

● 組裝尺寸

經線皆取1股線，從織布機左下的小釘子開始，上
下輪流掛線（縱10×橫10cm）

● 完成尺寸

皆約10×10cm（b・c 不含掛繩部分）

● 作法

1 參考織圖將經線掛在織布機上固定，a・d・e
沿織布機圍繞8圈織線，b・c圍繞6圈織線後
剪線。（圍繞的織線即為緯線）

2 經緯皆使用相同織線，繼續編織緯線。製作
時，一邊以叉子徹底靠緊織目，一邊編織。

3 編織完成後，由織布機上取下，進行經線與
緯線的線頭收尾。b・c線頭打結1次，作出繩
環，當作掛繩。

＊ **織法、完成方法請參照P.48。**

4 參照織圖，a～e分別織入裝飾線。

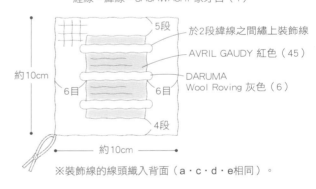

※裝飾線的線頭織入背面（a・c・d・e相同）。

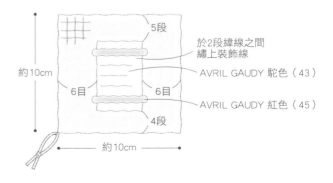

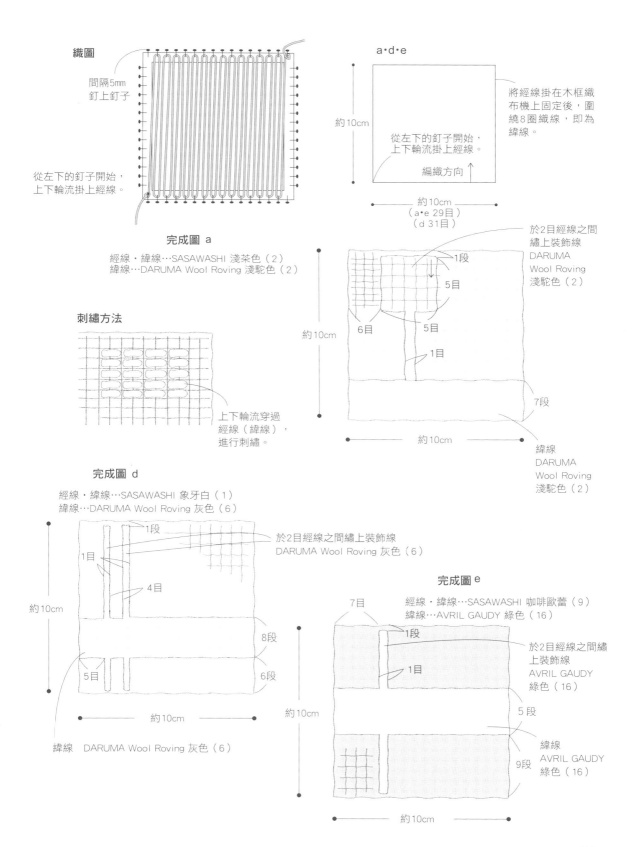

織圖

間隔5mm
釘上釘子

從左下的釘子開始，
上下輪流掛上經線。

a‧d‧e

約10cm

從左下的釘子開始，
上下輪流掛上經線。

編織方向

將經線掛在木框織
布機上固定後，圍
繞8圈織線，即為
緯線。

約10cm
（a‧e 29目）
（d 31目）

完成圖 a

經線‧緯線…SASAWASHI 淺茶色（2）
緯線…DARUMA Wool Roving 淺駝色（2）

刺繡方法

上下輪流穿過
經線（緯線），
進行刺繡。

於2目經線之間
繡上裝飾線
DARUMA
Wool Roving
淺駝色（2）

1段
5目
6目
5目
1目
7段

約10cm

約10cm

緯線
DARUMA
Wool Roving
淺駝色（2）

完成圖 d

經線‧緯線…SASAWASHI 象牙白（1）
緯線…DARUMA Wool Roving 灰色（6）

1段
1目
4目
5目

於2目經線之間繡上裝飾線
DARUMA Wool Roving 灰色（6）

完成圖 e

經線‧緯線…SASAWASHI 咖啡歐蕾（9）
緯線…AVRIL GAUDY 綠色（16）

約10cm

8段
6段

約10cm

緯線　DARUMA Wool Roving 灰色（6）

7目
1段
1目

於2目經線之間繡
上裝飾線
AVRIL GAUDY
綠色（16）

5 段

緯線
AVRIL GAUDY
綠色（16）

9段

約10cm

約10cm

從零開始的創意小物
小織女的DIY迷你織布機（經典版）

作　　者／蔭山はるみ
譯　　者／彭小玲
發 行 人／詹慶和
執行編輯／詹凱雲
編　　輯／劉蕙寧・黃璟安・陳姿伶
執行美編／陳麗娜
美術編輯／韓欣恬・周盈汝
出 版 者／雅書堂文化事業有限公司
發 行 者／雅書堂文化事業有限公司
郵撥帳號／18225950
戶　　名／雅書堂文化事業有限公司
地　　址／新北市板橋區板新路206號3樓
電　　話／（02）8952-4078
傳　　真／（02）8952-4084
電子郵件／elegantbooks@msa.hinet.net

2023年9月三版一刷　定價420元

CHIISANA ORIKI DE CHIISANA OSHARE KOMONO (NV70400)
Copyright © NARUMI KAGEYAMA／NIHON VOGUE-SHA 2017
All rights reserved.
Photographer: Akane Nakamura, Yuki Morimura
Original Japanese edition published in Japan by NIHON VOGUE Corp.
Traditional Chinese translation rights arranged with NIHON VOGUE Corp.
through Keio Cultural Enterprise Co., Ltd.
Traditional Chinese edition copyright © 2018 by Elegant Books Cultural
Enterprise Co., Ltd.

經銷／易可數位行銷股份有限公司
地址／新北市新店區寶橋路235巷6弄3號5樓
電話／（02）8911-0825
傳真／（02）8911-0801

素材・用具協力 （依50音排序）

○線材協力
AVRIL http://www.avril-kyoto.com
本社 京都府京都市左京區一乗寺高槻町20-1
AVRIL吉祥寺店 東京都武藏野市吉祥寺本町2-34-10

Art Fiber Endo http://www.artfiberendo.co.jp/
京都府京都市上京區大宮通椹木町上菱屋町820

○用具・接著劑協力
Clover株式會社 http://www.clover.co.jp
大阪府大阪市東成區中道3丁目15番5號

○藝術鐵絲協力
泰豐Trading株式會社 http://www.eggs.co.jp/
東京都千代田區飯田橋2-1-5 CR第2大樓1F

○線材協力
D.M.C株式會社 http://www.dmc.com/
東京都千代田區神田紺屋町13番地 山東大樓7F

Marchen Art株式會社 http://www.marchen-art.co.jp
東京都墨田區橫網2-10-9

○線材・用具（編織針）協力
橫田株式會社 DARUMA http://www.daruma-ito.co.jp/
大阪府大阪市中央區南久寶町2-5-14

Staff
書籍設計／平木千草
攝　　影／中村あかね（扉頁）・森村友紀
作法解說／吉田晶子
作法製圖／白井麻衣
編　　輯／HMY factory 齊藤あつこ

國家圖書館出版品預行編目資料

從零開始的創意小物：小織女的 DIY 迷你織布機／
蔭山はるみ作；彭小玲譯 . -- 三版 . -- 新北市：
雅書堂文化事業有限公司, 2023.09
　面；　公分 . --（愛鉤織；57）
ISBN 978-986-302-686-0(平裝)

1.CST: 手工藝 2.CST: 編織

426.7　　　　　　　　　　112014336

Little
Handloom

Harumi Kageyama

Little
Handloom

Harumi Kageyama

Little
Handloom

Harumi Kageyama

Little Handloom

Harumi Kageyama